Draping for Apparel Design

服装立体裁剪（上）

[美] 海伦·约瑟夫-阿姆斯特朗(Helen Joseph-Armstrong)　著
刘　驰　钟敏维　等译
崔志英　等校

东华大学 出版社·上海

图书在版编目 (CIP) 数据

服装立体裁剪.上 /（美）约琴夫－阿姆斯特朗著；刘驰，钟敏维译.
—上海：东华大学出版社，2016.3
ISBN 978-7-5669-1004-2

I.①服… II.①约… ②刘… ③钟… III.①立体裁剪 IV.① TS941.631

中国版本图书馆 CIP 数据核字（2016）第 022277 号

Draping for Apparel Design 3rd edition
by Helen Joseph–Armstrong
Copyright 2013 by Bloomsbury Publishing Inc.
Chinese(Simplified Characters) Edition
Copyright 2016 by Donghua University Press Co.,Ltd
published by arrangement with Bloomsbury Publishing Inc.

责任编辑　徐建红
封面设计　Callen

服装立体裁剪（上）

[美]海伦·约瑟夫－阿姆斯特朗　著
刘　驰　钟敏维　等译
崔志英　等校

出　　　版：东华大学出版社（上海市延安西路 1882 号，200051）
本 社 网 址：http://www.dhupress.net
天猫旗舰店：http://dhdx.tmall.com
营 销 中 心：021-62193056　62373056　62379558
电 子 邮 箱：425055486@qq.com
印　　　刷：苏州望电印刷有限公司
开　　　本：889mm×1194mm　1/16
印　　　张：20.5
字　　　数：720 千字
版　　　次：2016 年 3 月第 1 版　2019 年 1 月第 4 次印刷
书　　　号：ISBN 978-7-5669-1004-2
定　　　价：87.00 元

目录

致谢

写一本书需要不止一个作者。很多有才能的人愿意花时间一起合作，才能成就一本非常特殊的书。

我诚挚地感谢Vincent James Marizzi，一个技术插画的专家，他不仅更新了原始的1700幅工艺图，而且新增加了一些完美无暇的铅笔画。Ryan McMenamy，一个非常有才气的时装插画家，更新了本书中所有的原始时装插画，并且用他那特殊的美丽的绘画风格创作出了更多新的设计。Nancy Spaulding，Pima社区学院，辅助检查文字中的错误，缝制服装以检查本书的说明是否清晰，并给出改进这一版的建议。她也找到了一种材料产品，Pellon Peltex可熔性稳定剂（#70），在第五章中描述的可以改进直接式手臂的使用。在第五章中包含的可替换Peltex版本的直接式手臂可以通过邮件Nancy@Nancyspaulding.com联系Nancy Spaulding.

特别的感谢还要给我的同事和朋友们。Mary Brandt Njoko，她总是给予鼓励。Hyein Kim，花时间讨论女装人台的加垫并提出其他有深刻见解的建议。Dixie Cunnigan，一个优秀的立体裁剪老师，其反馈意见改进了本书说明。Marva Brooks，总是提供帮助，并且是第一章中描述的便携式尺子的设计师。Cinzia Laffaldono，她对立体裁剪的热情是具有感染性的，这不应该被忽略。Joseph Veccharelli，时装供应有限公司，慷慨地给出奖学金，并支持了在学院/大学的时装秀。Sharon Tate，《时装设计内情》第五版（Prentice Hall出版社）的作者，我在那里找到很多有用的信息。

在女装人台上加垫的方法还有很多，尤其有益的是在洛杉矶贸易技术学院时装中心教授立体裁剪的Suzanne Pierrette Stern采用的Parisian方法。我在第四章新的女装人台加垫方法中结合了Stern女士的一些信息，并且为了清楚起见增加了说明。我感谢Stern女士留下了这么宝贵的资料。

感谢由出版商挑选的第二版的评审员，他们给出了有深刻见解的评论和反馈，他们是：George Bacon，密西根大学；Rose Baron，普拉特艺术学院；Lynn Black，拉萨尔学院；Catherine Burnham，杨百翰大学；Melanie Carrico，北卡大学格林斯堡分校；Lindsay Fox，鞍峰学院；Claudia Gervais，雪城大学；Monica Haban，圣地亚哥艺术学院；Mary Kawenski，罗德岛设计学院；Laura Kidd，南伊利诺大学卡本代尔分校；Maria T. Kuzutz，威斯康星大学；Belinda Orzada，特拉华州大学；Debra B. Otte，蒙特克莱尔州立大学；Carol Salusso，华盛顿州立大学；Wendie Soucier，加利福尼亚艺术学院；Natalie Swindell，印第安纳波利斯艺术学院。

感谢洛杉矶贸易技术学院时装中心的优秀教学人员，他们为了使学生准备充分地踏入时装业，不知疲倦地奉献自己。Carol Anderson，洛杉矶贸易技术学院时装中心主任，给予我强有力的帮助；Tessie Fernado，无论在何种情况下，从来都不拒绝我的要求。

这是一本具有很多工艺图和设计图的复杂的和较难的书，然而经过了艰难的时刻后，过程进展得很顺利。Amanda Breccia，助理编辑，经过指导，将看似不可能的事情变为可能。Robert Phelps，开发编辑，一直保持镇静，认真完成其工作。Lauren Vlassenko，制作助理，以及Elizabeth Marotta，高级制作编辑，他们对本书的贡献重大。还有Sarah Silberg，副美术指导，给本书做了最后的装饰，使《服装立体裁剪》一书成为最骄傲的版本呈现出来。

立体裁剪的
工具和材料

立 体裁剪师/设计师需要白坯布，工具和其它材料来提高工作效率，了解这些工具和材料的名称和作用是非常必要的，可以在服装用品公司、艺术品商店、布料店或者学生书店买到这些工具和材料。

工具和材料

购买工具时请用这个清单来核对：

1. 针

    ——立裁和试身用17号细针。

    ——其它形式的大头针和珠针。

2. 针插

    ——针垫，或者能绑在手腕或放在桌上的有磁性的针插。

3. 剪刀

    ——裁纸剪。

    ——裁布剪。

4. 铅笔和钢笔

    ——自动铅笔和卷笔刀，如果需要采用4H铅笔制图）。

    ——用红蓝铅笔标记纸样变化，用黑色、绿色、红色和蓝色签字笔标注纸样信息。

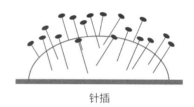

针插

裁纸剪

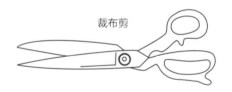

裁布剪

自动铅笔和铅笔刀

5. 尺子

——普通软尺：1.3cm×30.5cm（非常精确）。

——91.4cm尺子。

——45.7cm×5.1cm塑料尺（软尺，用于测量曲线）。

——直角尺：61cm×35.6cm金属尺，两边成直角（可测量尺寸并规范直角）。

——三角板：用于测直角线。

——尺子包：用来收纳、携带各种尺子。

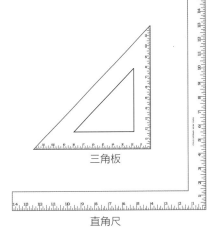 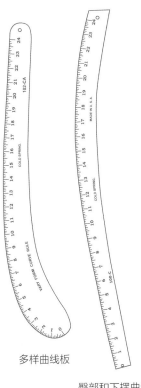

三角板

直角尺

6. 曲线尺

——法式曲线板：Deitzgen#17号是一种用来画袖窿弧线和领口弧线的曲线尺。

——斯莱曲线板：可以画多种形状的曲线。

——臀部和下摆曲线板：用于画臀部曲线，下摆曲线和翻领的曲线。

——多样曲线板：用于画袖窿弧线和领口弧线。

法式曲线板

7. 图钉

——将坯布毛样转化成纸样时用。

斯莱曲线板

8. 记号剪

——在纸样边缘打0.6cm×0.16cm的剪口，用于标记缝份、中心线，对位并区分前后片。

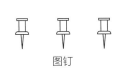

图钉

多样曲线板

臀部和下摆曲线板

记号剪

9. 描图轮

　　——锯齿点轮：将坯布毛样用点状的轮印转
　　　移到纸上。

　　——钝头轮：和复写纸一起使用，用于拓印
　　　面料的造型线和缝线。

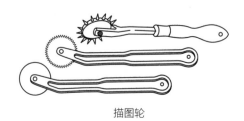

描图轮

10. 锥子

　　——锥子的尖头可以刺出小洞来标记省点。

锥子

11. 卷尺

　　——金属头，尺身的材料是布或者塑料（温
　　　度会影响精度）。

　　——金属尺：0.6cm宽，自动卷尺，测量方
　　　便灵活（非常精确）。

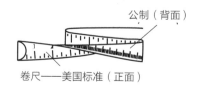

公制（背面）

卷尺——美国标准（正面）

金属卷尺

12. 克洛弗双轮描图轮

　　——可调节的缝线轮。

13. 各种尺寸和重量的压铁

　　——描图和裁剪时固定纸样。

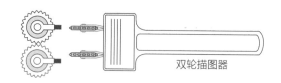

双轮描图器

14. 黑色或彩色的斜纹带子

　　——在人台上设置造型线。

压铁

15. 裁缝用划粉

　　——黏土、划粉、划粉轮、白色或黑色的划
　　　粉印铅笔，以及适合于面料的一种可以
　　　擦掉的划粉。

16. 复写纸

　　——将坯布纸样转移到布料上，或者复制另
　　　一侧的纸样。

样板纸

人们可以根据需要购买不同克重和不同颜色的样板纸。克重大的样板纸一般为标签纸、马尼拉纸或硬纸。克重小的称为标记纸。如果买不到合适的样板纸，可以用牛皮纸或其它合适的纸来制图。

立体裁剪面料

立体裁剪最初的设计一般选用白坯布，白坯布是经过漂白或未经漂白的平纹棉布，可以根据不同设计需要选择不同克重的白坯布。

- **粗布：** 用于基础款式的立裁或测试。
- **轻薄织物：** 用于柔软的服装。
- **厚重织物：** 紧度大，用于西装、夹克、大衣等。

面料特性和术语

第2章

设

计师用布料来描述从每一季多样的色彩、大胆的图案和创新的纹理中获取的灵感。设计师根据对织物特性和差异的理解来选择与设计意图最匹配的布料。

织物根据质量、结构（梭织、针织、混纺、非织造织物或平纹）、质地、重量和手感（织物触感）来分类。布料被人们用软或硬，厚或薄，密或稀，重或轻，松或紧，平坦或凹凸，柔滑或粗糙，透明或不透明，劣质或华贵来区分。设计师在购买时通过触摸、揉搓和观察来判断布料的质量和性能，判断布料的悬垂性。服装材料需要深入的研究，除了看书外，还应该收集布料样本，并把这些样本编成目录，做成一个参考样本的笔记本。

梭织面料

图1

梭织物的结构是指以直丝缕和横丝缕在梭织机上按一定规律交织而成的织物。

平纹

缎纹

斜纹

图1

A. 平纹织物：直丝缕与横丝缕以一上一下的交织形成的织物。例子：棉布，细平布，丝光棉。

B. 缎纹织物：纱线上浮一次，下沉数次交织而成，使织物正面呈现光泽的织物。例子：仿古缎，绉缎，花鞋缎，全棉贡缎。

C. 斜纹织物：直丝缕和横丝缕至少隔两根纱才交织一次，交织点在织物表面呈现一定角度的斜纹线的结构形式。例子：锦缎，丝光斜纹棉，牛仔布，华达呢，人字斜纹布，斜纹呢。

针织面料

图2

　　最常见的针织物有平纹单面针织布，罗纹（纬编）由线圈套串而成。这种类型的织法纱线的套串在宽度上延伸的比长度上要大。双面织物（纬编）更牢固，更厚，拉伸率小，弹性比单面针织物更好。熟知的经编针织物有经平组织针织物和拉舍尔针织物，拉伸率较小，防脱散。可以通过控制编织工艺中对织物单向或双向进行拉伸改变织物尺寸是针织物的一个特点。弹力织物可以通过纱线卷曲工艺、加入氨纶或者化学处理来实现。

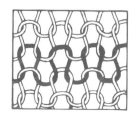
单面针织物

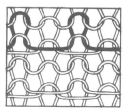
双面针织物

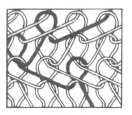
经编针织物

图2

A. 单面针织物：由单线圈横丝缕相互套串而成。

B. 双面针织物：两面外面相同，由双线圈织造而成。

C. 经编针织物：多线圈经编而成。

面料术语

白坯布

　　白坯布是指各种克重的经过漂白或未经漂白的平纹织物。它包括：

　　粗的：多用于现成服装的立裁或试穿。

　　薄的：用于轻薄服装的立体裁剪。

　　厚的：结构紧密，用于西装、外套和套装的立裁。

　　布边：布边指织物两侧边缘处编织紧密的窄边。为了避免布边带来的缩量，可以将布边剪掉。

丝缕方向

图3

丝缕（布纹）：梭织物中纱线的方向。织物的方向会影响织物的外观、手感以及成衣的悬垂性和外观。

竖纹（经向）：竖纹方向的纱线和布边平行，而且加捻比横丝缕方向紧密。也称直丝缕。

横丝缕（横向）：横丝缕方向的纱线垂直于布边，也就是织物的横丝缕，织物的弹性一般在这个方向。

斜纹：当按照不同的角度对角方向裁布，即会被拉伸。

正斜纹：与竖纹和横丝缕分别夹角45°。正斜向方向有最大的弹性，很容易符合人体曲线。起波浪和悬垂在正斜向方向最佳。

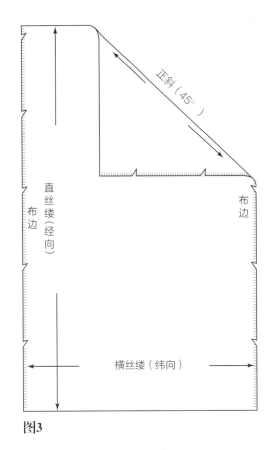

图3

横丝缕

丝缕卷边和歪斜

图4

横丝缕经常会产生卷边和倾斜，说明横丝缕和竖纹之间的夹角并不一定是直角，这是后整理工序出现的。要确定织物的横丝缕是否存在卷边或倾斜，可以将织物沿横丝缕撕开：如果横丝缕产生弯曲（a），或者和布边产生夹角（b），说明横丝缕存在卷边或倾斜，或者两者均有。严格来讲，横丝缕的卷边或倾斜可导致服装在水洗后变得不平整。实例说明沿横丝缕撕开的边，一个卷边，一个倾斜。

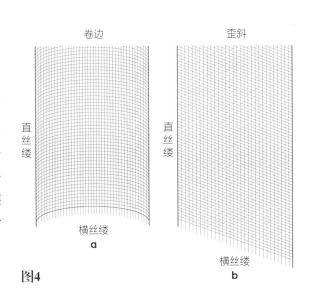

图4

调整丝缕

图5

请按照以下步骤调整丝缕：

沿对角线拉扯布料直到横丝缕和竖纹呈直角。立裁师可以按照这个方法来整理准备用来做立裁的白坯布。然而，零售的服装在裁剪时大多是存在丝缕弯曲或倾斜的，除非在备料环节制造商有要求校准丝缕。

抽一根横丝缕

图6

用大头针在一侧布边处挑出一根横丝缕，将这根横丝缕抽出，然后将一根红色的纱线缝在被抽出的横丝缕原来所在的位置。法国立裁师经常采用这种方法。

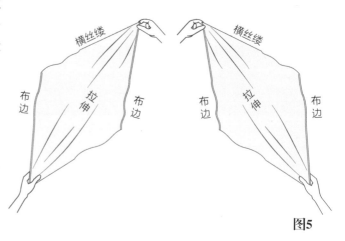

图5

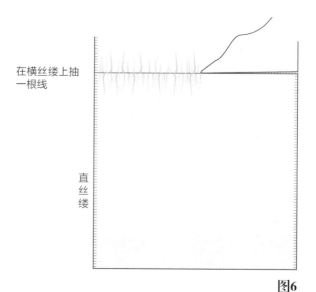

图6

面料不同丝缕方向的设计效果

图7

立裁师将详细讲解织物的丝缕是如何影响服装的外观、悬垂性和适体性的。

图中虽然画线在纸样的不同位置，但都和布边平行。

备注：纸样上的直丝缕线要和布边平行。

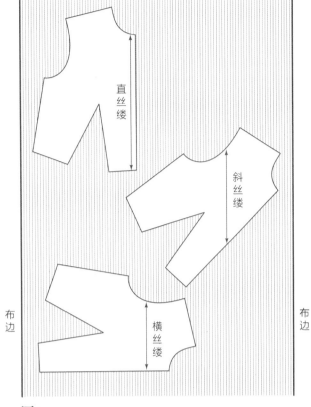

图7

请注意丝缕不同的几种设计之间的关系：

图8

- 直丝缕较为笔挺和稳定，可以撑起服装的造型轮廓和悬垂。

图8

图9

- 横丝缕和直丝缕是垂直关系，没有直丝缕笔挺。

图9

图10

- 斜丝缕和直丝缕、横丝缕呈45° 角，导致织物在裁剪时尺寸不稳定。
- 斜丝缕是紧身设计的理想选择。

图10

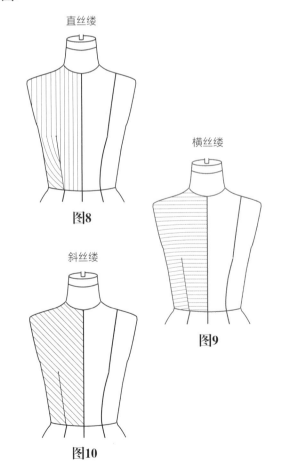

立体裁剪概述

立体剪裁师/设计师可以用很多制板方法来做出他或她的设计的纸样形状。平面制板需要利用之前开发的纸样进行设计变化的操作。在设计的纸样形状被做出来之前，绘图方法依赖于从女装人台或人体模特上测量的尺寸。而立体剪裁是一种不需要纸样或尺寸辅助的创造设计的独特方法。

立体裁剪独特的灵活性

　　立体裁剪师/设计师的表现方式就是布料，他或她用灵巧的双手操作布料，创造从简单到复杂的设计。立体裁剪有很多特性，立体裁剪允许立裁师/设计师逐步检查立裁效果，以确保线条和整体效果与设计风格一致。为了达到更好的效果，一条放错位置的造型线可以很容易被修改。立裁师/设计师可以操作布料，增加褶子的丰满度、展开或斜裁，直到看上去满意为止，不用依靠猜想，就可直观地知道设计效果，因为其它制板方法可能需要猜想。你可以用任何制板方法来实现一种设计。但有些设计，以及那些涉及到斜向折叠来达到一种折裥效果的，为了控制其外观，并使完成的服装更具有美感，最好还是用立体裁剪的方法来做。立裁师在从一片无生命的坯布片到在三维人台上设计的完美的样衣的整个造型演变过程中，作为一名目击者和参与者也是很有优势的。通过立体裁剪创造设计也许要花较长的时间，但有经验的立裁师会学习将其它方法与立裁技巧相结合，更快地完成服装的裁剪。立体裁剪具有其它方法所没有的灵活性，更具有优势。

立体裁剪计划

　　立裁计划是设计师根据图例来实现设计的关键。在仔细分析过设计意图并安排好步骤后立体裁剪才能开始进行。

设计分析

图1

　　·作为对设计的正确解释，设计师的图例可能不够清晰，因此设计师要在立裁开始之前详细说明，并记录下来作为参考。

　　·这个计划以对创意元素的认真分析作为开始，并确定了立体裁剪中要用到的技巧，这包括省量处理，增加松量和轮廓造型。

　　·用针和胶带固定出轮廓线。

　　·量尺寸，裁剪，准备立裁用的白坯布，并在上面标出丝缕方向。

剪出领线使之适合身体（轮廓）

帝政式多塔克褶裙装在腰线以下2.5cm收3.8cm活褶（增加丰满度）

至袖隆的公主线（相当于省道）与帝政式线条（轮廓）与胸部的轮廓很吻合

图1

立体裁剪试验——马上开始

　　初学者常常忽略学习立裁的基本法则就急于开始实践。在进行立裁实验后，您会意识到您在立裁方面还有哪些需要学习的原则和技巧。

　　一开始可以用一些比较轻的白坯布或者不介意毁坏的废弃的布料来练习。设定用料数来挑战你的创造力：裁剪2.3m布料（白坯布或设计选用的布料）。立体裁剪开始于综合大部分或所有的布料来创造并完成设计，或按照诸如圆形、方形或三角形等几何形状进行造型设计。建议：开始时在布料的中心打一个剪口，允许折叠并激发设计灵感。

　　直到您对自己的创意感到满意，就可以专心进行并学习下一章的立裁基本要领了。有了从女装基样的立裁和设计步骤中学到的立裁知识，您就掌握了立体裁剪的技巧。

立体裁剪捷径

图2

为了满足快速时尚行业的需要，往往需要结合立体裁剪和纸样制板完成设计。设计师根据设计选用一个现成的纸样，将纸样拓在白坯布上然后用珠针按照轮廓线将坯布固定在人台上，除此以外的部分都通过立裁来完成。这个方法也被私人定制的设计师所用。

图2

图3

通过设计分析，选择了与领线、肩线和部分袖窿线相关的符合设计需要的单省道基础原型。作为一片式的前片和后片，褶皱属于立体裁剪的部分。

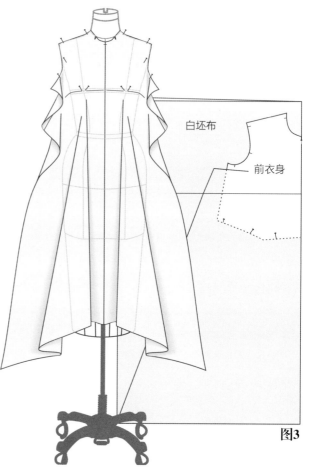

白坯布

前衣身

图3

图4

用针或造型胶带在人台上标记造型线来帮助设计师进行创造和减去过多的缝份。

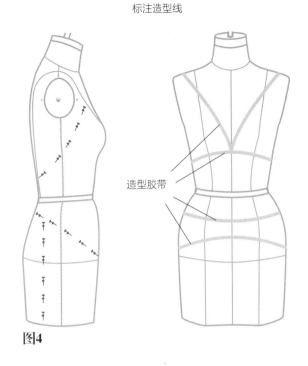

标注造型线

造型胶带

图|4

贴边

贴边的主要目的是掩盖领口、袖窿（露背吊带款式）、无袖上衣的袖窿、裙摆的毛边，尤其是造型线的毛边一定要掩盖。示例展示了贴边服装的类型。如果不适宜贴边，可以考虑全部加衬里。衬里的纸样和服装的纸样是一样的。贴边有三种方式：独立贴边、折叠贴边和一片式贴边。

独立贴边

图5

领口和袖窿的贴边按照前片和后片（有拼缝或无拼缝的）的纸样来拷贝、修剪，如图所示。

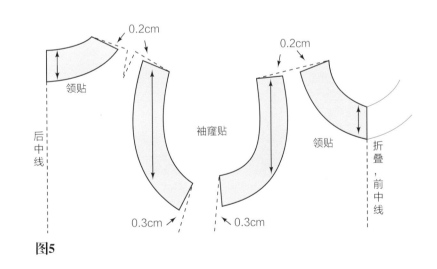

0.2cm

0.2cm

领贴

后中线

袖窿贴

领贴

折叠，前中线

0.3cm

0.3cm

图|5

折叠贴边

折叠贴边不是缝在毛边上的，它是衣片延长出来的一部分。这种类型的贴边最好用于裙摆的直线部分、衣袖和夹克。裤边和斗篷边就是折叠贴边的例子。

一片式贴边

图6

一片式贴边是覆盖毛边的另一种方式。从前片到后片（有拼缝的，需要调整对位点或无拼缝的纸样）拷贝贴边。如图所示进行修剪后闭合省肩。

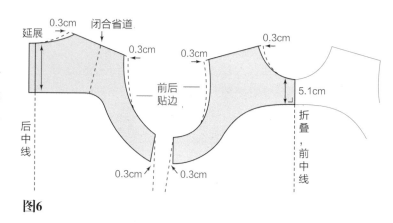

图6

贴边内的造型线

图7

对齐终点在领口或袖窿的缝合线，按照前后片拷贝贴边，修剪，如图所示。

V领口设计落在斜向处，这就意味着它们将会被拉伸。为了防止拉伸，贴边要如图沿着直丝缕裁剪，或裁剪0.6cm宽的斜纹胶带，按少于0.3cm缝合，并逐渐减少。

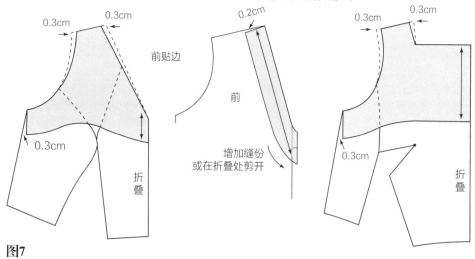

图7

基本纽扣类型

纽扣无论从功能的角度还是设计的角度来讲都是不可或缺的。基本的纽扣类型包括：

平缝扣

图8

平缝扣有两个孔或四个孔。

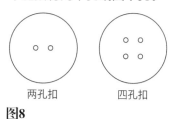

两孔扣　　　四孔扣

图8

带柄扣

图9

带柄扣的顶部是实心的，扣子底部装有不同类型的柄（线圈的，布的，环状的，金属的或者塑料的）。这个柄把纽扣从面料上撑起，使纽扣扣住的时候有一个空间，避免面料被挤压皱起。

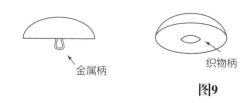

图9

扣眼类型

图10

扣眼的类型包括：

机缝扣眼

扣眼可以缝成直线或开一个小孔。

滚边扣眼

在剪开的扣眼毛边上包边。这种类型的扣眼一般由裁缝手缝或者在修饰店缝制。

套环扣眼

图11和图12

套环是有填充或者无填充的窄长条，缝在衣服中线，婚纱袖子等地方。链接端有无延长均可。套环可以自制，也可以送到修饰店制作。

窄缝扣眼

窄缝扣眼可以在皮革、塑料或不易脱丝的布料上剪出。也常用于测试装饰扣的扣眼的长度。

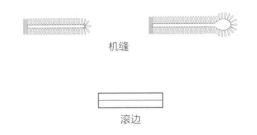

机缝

滚边

图10

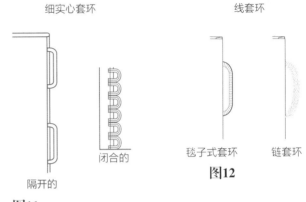

细实心套环

线套环

隔开的

闭合的

毯子式套环

链套环

图12

图11

纽扣/扣眼范围

图13

扣纽扣需要左右衣片的前中线都延长一些。延伸的长度可以等同于扣子的直径或者半径加0.6cm。

纽扣缝在延伸部分的中心线上。从前中线的位置开始打扣眼，到延长部分的另一侧结束。

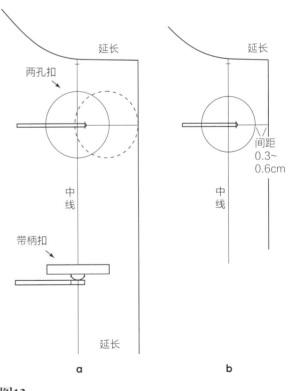

两孔扣

延长

中线

带柄扣

延长

延长

间距
0.3~
0.6cm

中线

a

b

图13

人台和模特

第4章

千变万化的人台

1 40多年来，人台通过不断修正形状和满足变化体型需要的尺寸来适应变幻莫测的时装发展。最初的人台是不成形的，是用柳藤编织填充成具有独特规格的模型。现在的人台有一部分是手工制作。这些人台采用金属做构架，用纸做塑型，放在画布上，并在其表面包裹一层亚麻材质的紧身衣。紧身衣的分割线设置在上身和下身的前后片交界处。腰缝线把人台分为上下两部分。在制造过程中，人台可能会有一些人为的误差，所以在进行立裁之前要先补正人台。

在人台制作中一项新的改革使得所做的模型像肉体一样可以触摸，而且能够被别针穿透而不伤及模型。今天的人台代表着最一般的尺寸，具有从儿童到成人的每一组男性和女性的尺寸，人台还具有可拆卸的手臂和腿，以及可加入放松量的可拆卸肩膀。

是谁设置了人台的尺寸？

人台尺寸是根据不断的信息反馈发展而来的，从消费者反馈给人台的买家，买家反馈给生产商。人台也可以根据特定尺寸来定制，用于服装制造商的客户和私人客户，或者供个人使用。

了解你的人台

图1

    人台上包覆的亚麻布上的缝线界定上部和下部躯干、前后中线、侧缝、臀围线和肩线。经过胸部轮廓和背部肩胛骨的接缝线被称为公主线，并将人体前后分为四个部分。不同公司生产的人台的袖窿盘形状有差异，臀部轮廓有的使用扁平形有的使用曲线形。见图2。

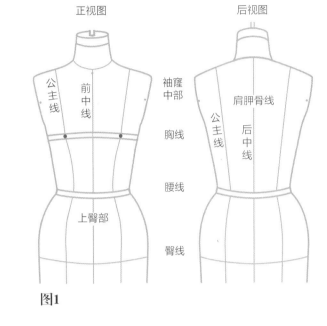

图1

人台上的参考点

图2

参考术语：

    人台上的参考点的位置和在人体上相同。了解这些参考点的名称并能在测量时识别它们非常重要。这些数字涉及人台的正面和背面。人台上的各区域被指定以下术语：

1. 前颈点/后颈点
2. 前中腰/后中腰
3. 胸高点
4. 前中胸围线
5. 前侧公主线/后侧公主线
6. 前袖窿中点/后袖窿中点（与圆盘上螺丝在同一水平线上）
7. 肩点
8. 侧颈点
9. 袖窿隆起线或串口线
10. 圆盘上螺丝
11. 袖窿圆盘
12. 水平平衡线（HBL）

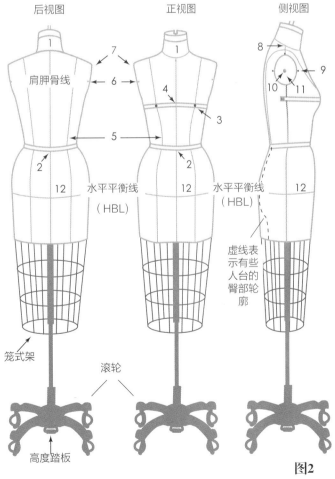

图2

准备用于测量的人台

图3

侧缝/肩线对齐： 放置一把软尺在侧缝和袖窿圆盘中心（a），看侧缝线是否和尺子对齐，如果不是，在袖窿盘处标记新的肩端点和新的侧缝线。缝合一个衣袖检验其适合度。如果衣袖很适合，画出新的侧缝线和肩线（b），如果不适合，旋转衣袖到合适的位置（见第89和90页）。

腰围线： 如果腰围线的标记线损坏，替换胶带。

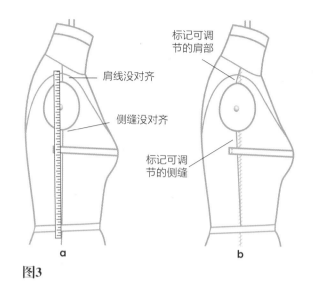

图3

图4

- **胸围标记带：** 需要布料：
- 长度：围绕胸部尺寸加5.1 cm=————。
- 宽度：3.8cm（完成 1cm）。
- 沿着折痕向中心按压（a）再次折叠和按压（b）。
- 在折线的边缘缉明线，标记中心。

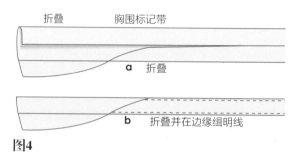

图4

图5

- 以胸部为中心围上胸围标记带，在胸高点（BP）处用针固定。将胸围标记带缠绕在人台上，经过侧缝部位并用针固定。胸围标记带可以防止面料陷入到两个乳房之间使得设计没有按照胸部轮廓来进行，不需要时可以移走胸围标记带。

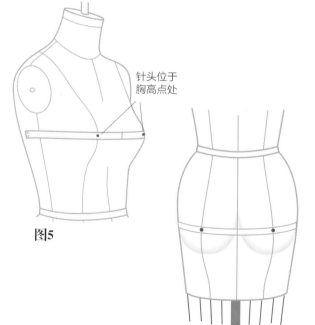

图5

图6

- 如果人台有臀部轮廓，放置一根臀围标记带在臀部最凸起的位置并用针固定。

图6

图7和图8

　　附加立裁针位置参考：沿着袖窿弧线边缘在肩点、袖窿中部与圆盘上螺丝水平的点处用针标记。并且在前中线颈下1cm处（X点）处用针标记。

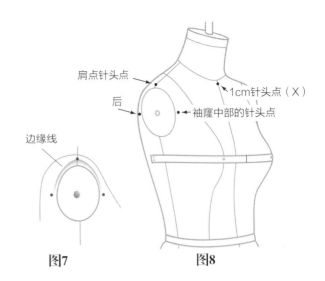

肩点针头点

后

1cm针头点（X）

袖窿中部的针头点

边缘线

图7　　　　图8

图9

　　袖窿深：在表中根据您的人台尺寸选择袖窿深。利用这个尺寸，从袖窿盘向下测量，在侧缝处用针固定。

　　袖山高：确定袖子制板时的袖山高。从肩点向下测量，到袖窿深度标记点加1cm来补偿手臂的弧线。记录下来以便绘制基础女装衣袖板型时使用。

　　可选项：在与袖窿盘平行处用针标记作为坯布立体裁剪以及塑造袖窿外形时的参考。

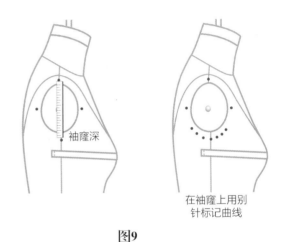

袖窿深

在袖窿上用别针标记曲线

图9

　　再次确认：人台并不总是平分前中和后中到侧缝的距离。测量胸围和腰围上的左右两侧，如果不相等，放置针作标记，或用铅笔画出调整后的侧缝线。

袖窿深表			
号码	cm	号码	cm
5/6	1.3	13/14	2.5
7/8	1.6	15/16	2.9
9/10	1.9	17/18	3.2
11/12	2.2		

* 以上尺寸基于成人10号人台在袖窿盘以下1.9cm处确定，档差为每个号码0.3cm。

设计师需要的信息

　　立体裁剪时应该准备人台或模特，如果有需要可以使用垫肩或文胸（如果胸杯大于B使用垫料）。除非模特是不对称的，一半的基础款服装在人台的右侧进行立体裁剪。如果不对称则两边都做立体裁剪。用坯布在人台、模特、填充的人台上立体裁剪时，在关键位置做参考标记。这些标记为立裁师/设计师在调换下面的人台外形或模特体型时提供参考。按照说明来测量人台，参见第33页有关人台测量的准备。

测量人台

人台的测量对于立体裁剪的校准及制板很重要。相关数据是通过所测量的部位的数字记录下来的。除了胸、腰、臀的围度尺寸及不对称的模特外，只有一半的人台或模特的尺寸被测量，并记录在尺寸表里（见第32页）

- **弧线尺寸**是从中心线到侧缝，量取记录在测量表里。
- **卷尺：**当测量时将金属头端放在一个参考点上，然后延伸到另一个参考点。
- **长度测量：**在腰围标记带的中间或底部做标记，一旦决定了是在中间或底部做标记，就要保持一致性。
- **继续测量人台**。

围度测量

在第32页的表里或者空白地方记录每一次测量。

图1

1. **胸围线：**把尺子绕过胸和后背，尺子要和地面平行。

   记录：————．

2. **腰围线：**绕腰围测量

   记录：————．

3. **臀围线：** 绕着臀部最宽的部位测量，尺子和地面要平行。用针标记前中线在臀围线上的点x。

记录：————．

图2

- **水平平衡线（HBL）：**测量从地面向上到针标记x点的距离。用这个尺寸在后中心、右和左侧缝线和公主线位置测量并用针标记。

- 用软尺绕着臀围线画一条线，要通过各个针标记点；或者用彩色胶带或遮蔽胶带标记水平平衡线（HBL）。

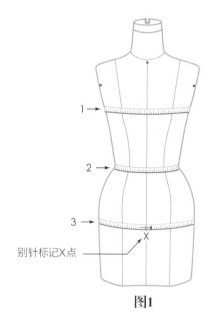

别针标记X点

图1

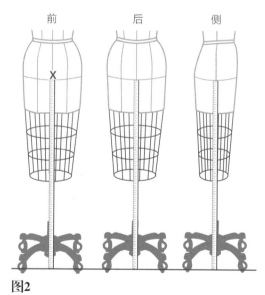

前　　　后　　　侧

图2

图3

4. **侧缝长度：**在侧缝线上，测量从袖窿深处到腰围标记带底部的距离。

记录：_____。

5. **肩线长：**颈部到肩点针标记处。

记录：_____。

图4

6. **胸高：**颈部针标记处到胸围线处。

记录：_____。

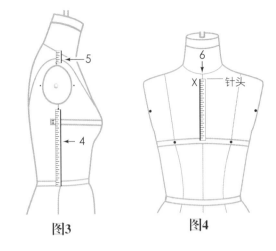

图3　　　　　图4

图5，图6

7. **中线长：**前颈中部针标记点处穿过胸围线到腰围线处，后中长对应也是颈中点到腰围线处。

记录：**前**_____，**后**_____。

8. **全长：前：**肩部或颈部到腰围，和中心线平行。**后：**重复这个过程。

记录：**前**_____，**后**_____。

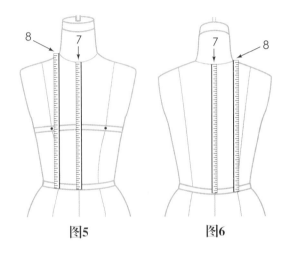

图5　　　　　图6

图7，图8

9. **胸弧长：**前中线的胸围线处到侧缝。

记录：_____。

10. **背弧长：**后中线到袖窿盘底部侧缝处。

记录：_____。

11. **腰弧长：**前中线到侧缝。后中线到侧缝。

记录：**前**_____，**后**_____。

12. **省道位置：**前中线到公主线。后中线到公主线。

记录：**前**_____，**后**_____。

13. **臀弧长：**前中线到侧缝处。后中线到侧缝处。

记录：**前**_____，**后**_____。

14. **臀高：**前中线到水平平衡线。后中线到水平平衡线。

记录：**前**_____，**后**_____。

具有斜臀的模特：

水平平衡线到右侧腰围线_____。水平平衡线到左侧腰围线_____。

基础女装基样的立体裁剪见第5章说明。

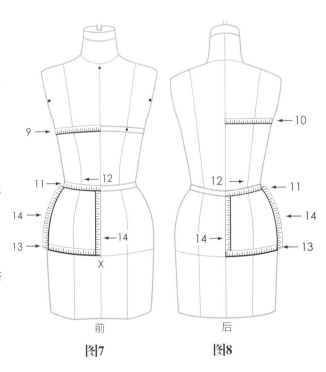

前　　　　　后

图7　　　　　图8

尺寸表

标准袖子图: 模特的手臂尺寸可以在第82页获得。

围度尺寸

1. 胸围:_____,加5cm松量

2. 腰围:_____,加2.5cm松量

3. 臀围:_____,加5cm松量

   上臀围(腰线下10cm处):_____,按需要加松量

上身

4. 侧缝:_____

5. 肩线长:_____

6. 胸高位:_____

7. 中线长:前_____,后_____

8. 全长:前_____,后_____

9. 胸弧长:_____

10. 背弧长:_____

11. 腰弧长:前_____,后_____

12. 省道位置:前_____,后_____

下身(裙子/裤子)

13. 臀弧长:前_____,后_____

14. 臀高:前_____,后_____

    上臀围:前_____,后_____

    模特的臀部倾斜长:右_____,左_____

15. 裆深:_____

16. 腰围到踝关节:_____

    腰围到膝关节:_____

    腰围到地面:_____

17. 大腿围:_____

18. 大腿中围:_____

19. 膝围:_____

20. 小腿围:_____

21. 脚踝围:_____

22. 足围:_____

模特手臂尺寸

标准尺寸在82页

23. 臂长:_____

24. 上臂长:_____

25. 上臂围:_____

26. 腕围:_____

27. 手围:_____

28. 袖山高:_____

设置人台到想要的高度并测量以下长度

腰围前中线到地面_____

腰围后中线到地面_____

颈部后中线到地面_____

关键符号

用这些符号加快记录:

AH = 袖窿

BP = 胸点

CB = 前中线

CF = 后中线

HBL = 水平平衡线

SH = 肩部

SH-Neck = 角点(肩颈点)

SH-Tip = 肩点

SS = 侧缝

SW = 侧腰

了解你的模特

零售市场的服装是基于由制造商和人台公司选定的尺寸来制造的。人台公司不需要包括那些落在"频率区"以外的尺寸（"频率区"的尺寸是被绝大多数消费者接受的尺寸）。模特们（模特在这里可能是自己、一个朋友或一个客户）找不到适体的零售服装就只能自谋生路了。然而，设计可以同服装基样的立裁过程一样，直接在模特身上进行，但这有一个明显的弊端——模特必须在立裁和试衣时保持长时间静止的站立。

有一些人台公司（有些列在下表中）当给出模特尺寸时，也会定制一个人台。在工业供应商店，在线上或是缝纫杂志以及时尚杂志的广告中，也可以找到各式各样可以调节的人台。这些人台通常价格昂贵。作为一种代替方案，你可以通过给人台加垫的方式作出你自己的模特体型的复制品。补正人台的方法在本节之后进行介绍，并且只有在学习完本节后才能进行。

人台和模特： 图中展示了模特和人台的叠加示意，分别是正面、侧面以及背面。模特和人台之间有着显著的区别。这个模特可以作为补正人台的备选模特。

支架和整体服装

图1

当立裁师/设计师分析并测量模特的体型时，模特应该穿休闲或基础内衣。一般是穿着紧身的针织上衣最好是紧身的连衣裤或是泳装这些能够清楚表明肩线和侧缝的服装。事实上，自己对自身的测量几乎是不可能完成的，因此需要有人帮忙来测量和记录并填写测量表（第32页）。同时参见第42页记录补正人台尺寸的完成的尺寸表（FMC）。

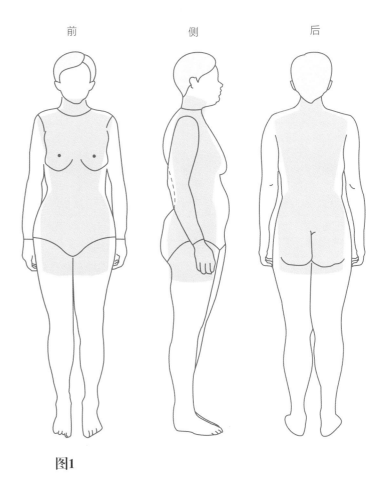

前　　　　侧　　　　后

图1

准备测量用的模特

遵循步骤1至8指示,完成后继续到第14步,除非另有说明。你的模特体型图会跟示例不一样,但这些说明仍然适用。

图2

- **中心线:** 将紧身连衣裤对折,然后用划粉或是彩色笔画出前后中心线（a、b）。
- **在模特上画出领窝弧线:**
  前:在锁骨上加点（在颈部中心画V形）（c）。
  后:标记后颈点（后颈最突出的骨骼）（d）。
- **画出领窝弧线:** 可根据需要在颈部一圈点上标记点。用可洗掉的针管笔画出一条顺滑的曲线。

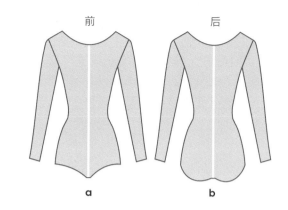

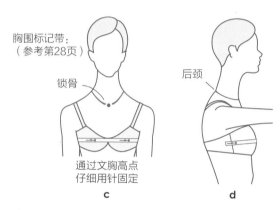

胸围标记带:（参考第28页）

锁骨

后颈

通过文胸高点仔细用针固定

c

d

图2

图3和图4

- **胸围标记带:** 参考第28页。只留下胸部轮廓线。
- **给模特穿衣:** 紧身连衣裤的前后中心线应完全与模特中心线一致。并固定胸部,腰部和臀部。在背后,服装用针固定肩胛、腰部和臀部。

  用记号笔连接肩点和侧颈点。

  标记BP点,标记前后公主线。

  侧面: 在前后片袖窿中线（折线）用划粉标记（图4）。

  在腰线位置用一条1.3cm宽的绳带或松紧带,或坚固的布带将腰围系起来。这条腰带前高后底或者前低后高。

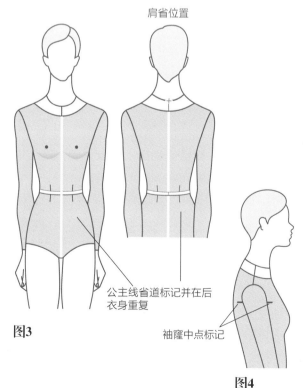

肩省位置

公主线省道标记并在后衣身重复

袖窿中点标记

图3

图4

图5

- **评估模特的站姿：**选用一个全身镜来进行人体模特评估。模特1是一个侧面视图，双臂轻微地在侧缝边垂直向前。模特2的肩膀，向前弯曲，特别严重的被称为脊柱后凸。手臂与侧缝有一定的距离。模特3显示了两个直立姿态例子，一个是纤瘦的，另一个是魁梧的。手臂向下垂直并以侧缝为基准对称。通过对三个模特的仔细分析，发现站姿和体型影响腰围的位置：模特1背面腰线稍有下沉，模特2正面腰线较高而背面腰线较低，模特3则与模特2相反。

你的人体模特选用的站姿是什么？
记录：———.

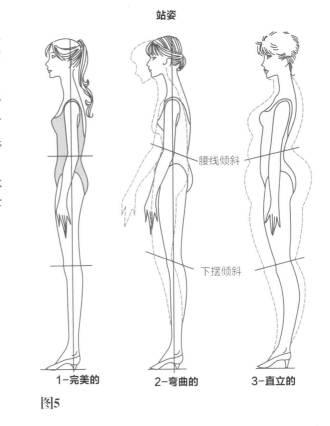

站姿

1-完美的   2-弯曲的   3-直立的

图5

图6

- **头高：用于测量对比**
- 测量头高度是从头顶到下巴的垂直距离。女性的平均身高为7.5~8个头高。
- 使用头高度测量，从下巴起用粉笔或图钉标记每一个需要标记的位置。
- 将模特各部位的位置与你的数据对比。观察样本模特身上的虚线。涂色较深的模特为完美身材比例。
- 记录到胸、腰、胯、膝盖以及身高分别是几头高。记录：胸———，腰———，胯———，膝盖———，身高———。

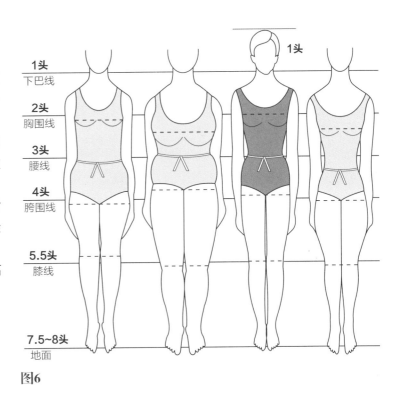

图6

图7

• **袖窿深度位置：**模特的手臂向前移动。助手用食指按住肌肉(不是腋窝)，在手指下做标记，标记点应位于侧缝上。这只适合做合体的立体裁剪。

图8和图9

• **肩斜度：**模特需要放松，并弯曲手肘，手指紧握在一起，如图所示。

从桌面或地板向上在右和左肘处测量。

如果从肘部到肩膀的距离两边各不同,利用垫肩来平衡两个肩膀的斜度。用针将垫肩固定在低肩的肩带上。

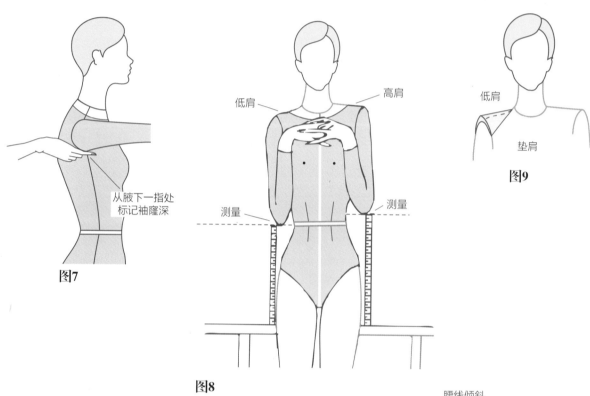

图7

从腋下一指处
标记袖窿深

低肩　　高肩

测量　　　　测量

图8

低肩

垫肩

图9

图10

• **腰围/臀围的斜度：**插图显示当水平平衡线不与地面平行，致使裙子不平衡。因此模特需要适当倾斜腰围/臀围来得到一个较好的前/后悬垂。

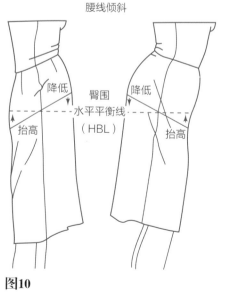

腰线倾斜

降低　　臀围　　降低

抬高　水平平衡线　抬高
（HBL）

图10

人体测量

图11

- **测量围度：**模特放松并保持完美姿态站立。进行测量并记录在尺码表上。注意：用划粉连起所有的点。用卷尺进行测量，具体如下：

1. **胸围线：**测量胸部一周。记录_____。

2. **腰围线：**测量腰部一周。记录_____。

3. **臀围线：**测量臀部最宽的部位一周。记录_____。

4. **上臀围：**腰围线下7.6cm处测量，如果模特的腰围线有所倾斜，则从臀围线水平线（HBL）上10.2cm处进行测量。标记并用划粉画出。

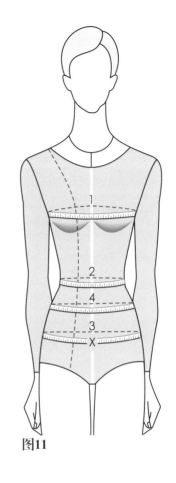

图11

图12

- 用针在前中处进行标记，贴标签X。测量从地面到X的距离。用这个尺寸在公主线、侧缝以及后中线进行标记。反复检查,确认划粉标记与地板平行。

- 在臀围画一条连接划粉的线，建立HBL（臀围水平平衡线）。

- 记录这里作参考：_____.

- 测量结果用来修正合体性，并用来进行纸样绘制。

  依据第17页的指导步骤继续进行测量，并且记录在尺寸表中。

  注意：*如果所选用的人台需要加上衬垫，则参考第39页的步骤，否则继续按照下一页的立裁附加说明进行。*

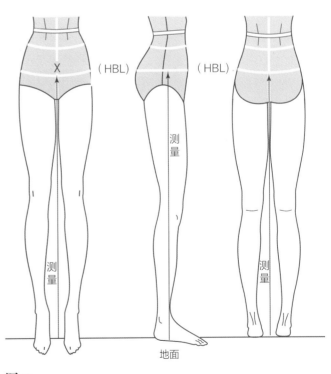

图12

图13

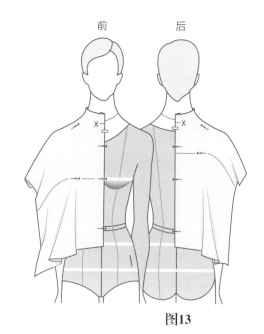

前　后

图13

- **模特立体裁剪的附加说明:**
- 在立裁的布料上用划粉标记出前后公主线。
- 前后披挂布料显示了在做立裁时白坯布固定的地方:示例显示针固定了中心线和腰线。
- 在罩杯、侧杯、肩带处用针固定。在胸罩后中部、肩带后部分以及腰部处用针固定。
- 固定领口线,胶带置于模特的脖子上。
- 在需要的地方用针固定。

图14

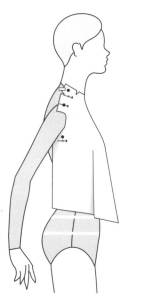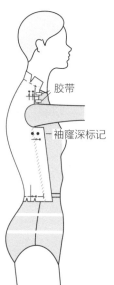

胶带

袖窿深标记

图14

- **手臂下面的立裁:** 图示给出了当进行手臂下面的立裁时,手臂前后活动时的空间。为了清晰起见,手臂的位置在立裁说明中有介绍。

在转入第五章开始介绍采用立裁的方法制作女装基础样板前,完成所有的人体模特测量。从第58页开始准备好白坯布。

- **个人省量分布表(裙子):**
臀腰差（HBL）=＿＿＿＿＿。为了得到省量找出第1栏中的臀腰差。

模特的省量表		
第1栏:	前	后
10.2cm差	1个省道收1.3cm	1个省道收1.9cm
12.7cm差	1个省道收1.3cm	1个省道收2.5cm
15.2cm差	1个省道收1.3cm	2个省道收1.6cm
17.8cm差	1个省道收1.3cm	2个省道收1.9cm
20.3或22.9cm差	2个省道收1cm	2个省道收2.2cm
25.4cm差	2个省道收1.3cm	2个省道收2.5cm
27.9cm差	2个省道收1.6cm	2个省道收2.9cm
30.5cm差	2个省道收1.6cm	2个省道收3.2cm
33或35.6cm差	2个省道收1.6cm	2个省道收3.5cm

（每四分之一腰围允许有0.6cm松量,后裙片有3个省道的活,将7cm分成三等分。）

补正人台

　　一旦测量了模特的尺寸，设计师就可以对人台进行补正，使其和模特的尺寸相同，复制一个模特的尺寸，并保持精确的适体性。在人台上加垫补正的做法并不稀奇，它从女性希望买到适合她们不完美体型的服装开始就存在了。个人定制的人台是很昂贵的，但补正人台却不用花费多少财力，还会加快立体裁剪的过程。在设计师预算有限的情况下，补正人台是一个理想且实惠的选择。很多设计师会在为特殊客户定制合身的服装时发现商机。本节详细介绍了如何对人台进行补正。下面是设计师对人台进行补正时需要的重要工具。

需要的材料

　　下列清单包含了不同补正方法所需要的材料。

图1~图5

- 人台比模特的尺寸小。
- 面料：轻质的斜纹棉布或亚麻布来包裹补正后的人台。
- 填充材料的选择：100%涤纶或棉垫（很蓬松或很薄的棉絮），或装饰用填充物。
- 填充完成后用单面无纺布黏合衬固定。
- 直针类型：4.4cm的珠针或T型针用来将填充材料固定在人台上。
- 可水洗的笔：用来在坯布和填充材料上做记号的。
- 斜纹带：1cm宽，用来作带子和其它多种用途。
- 模特的文胸或罩杯：在需要的时候给人台穿上文胸进行立裁。
- 长镜子：在进行补正工作时用于观察模特或人台。
- 蒸汽熨斗。
- 卷尺。
- 照相机：用来拍模特正面，背面和侧面的。

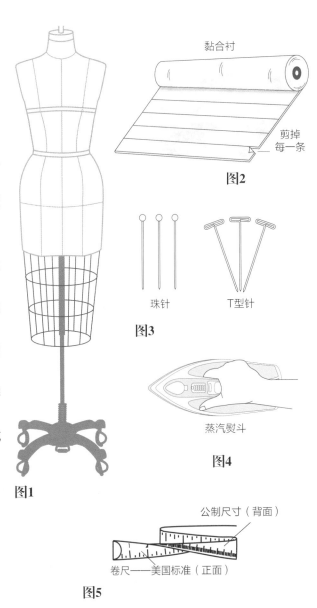

黏合衬

剪掉每一条

图2

珠针　　T型针

图3

蒸汽熨斗

图4

图1

公制尺寸（背面）

卷尺——美国标准（正面）

图5

模特观察

图6~图8

　　把人台调至与模特等肩高，把人台放在离镜子1.2m的地方，留出空间给设计师。

　　人台在模特身上的投影显示出了他们之间的差别。用肉眼判断和观察（或照片），在人台上画出模特的体型特征（用铅笔），并回答下列问题作参考。

前后视图

　　模特的侧身比人台胖还是瘦？

侧视图

腰围（从侧面看）

　　腰线在前面和后面是上升了还是下降了（图7）？

腹部（胃）

　　模特的腹部是否比人台突出？如果是，突出得多还是少？

臀部

　　模特的臀部比人台突出还是平坦？同上问题。

罩杯大小

　　模特的罩杯是否大于B罩杯？模特的罩杯大小是多少？　_____。

后视图

　　模特的肩部和背部是否比人台宽？

　　你的模特不会和示例中一样，但补正的操作方法是一样的。

　　补正工作的开始要找出模特比人台凸出的地方，并将其标记在人台上。凸出的部分由一层层的棉垫补正至需要的尺寸为止。

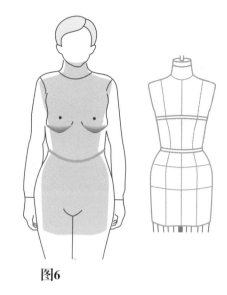

图6

图7

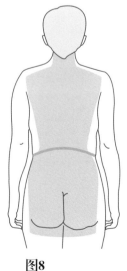

图8

准备人台补正

图9

利用人台的数据，快速参考42页所有记录的尺寸，制出完成的尺寸表（FMC）。

增加肩宽（如果需要）（见FMC表#14项）

- 把硬纸做好的造型固定在肩峰点和袖窿中部。用材料垫出肩膀的增量，或者直接用一个垫肩来支撑（a）。

抬高肩部（如果需要）（见FMC表#3）

- 标记肩点。
- 把垫肩固定在人台的肩膀上（厚度按需）（b）。

文胸

图10和图11

模特的尺码大于B罩杯时，可以将人台的胸部垫至需要的尺码（a），也可将罩杯覆盖在垫好的人台上（b）。

把模特的文胸用棉絮垫满，然后穿在垫好棉絮的人台上（之后可以把它钉在表面）（图11）。

图12

黏合衬是用来固定补正后人台上的棉絮位置的。用蒸汽熨斗或铁熨斗将其粘合。如果有多层棉絮，高温会使黏合衬在棉垫补正结束后将其固定。将黏合衬剪成20.3~25.4cm宽的布条，在所有衬垫都垫好后，将剪好的黏合衬烫在表面，重叠的部分为5cm。黏合衬也可以裁成需要的形状，例如胸部。如果需要或多或少的修正，直接在黏合衬上剪去或者增补，使其达到所需的形状，然后用蒸汽熨斗固定。样品人台显示的是衬垫补正到人台的底部，但实际上可以补正到任何长度。

模特的前、后、侧面在镜子里的影像图片上做标记带将不断指导着模拟模特的体型所需要补正的部位和程度。

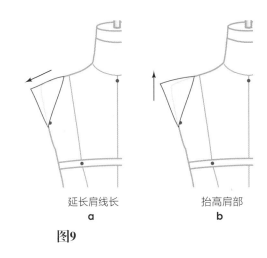

延长肩线长
a

抬高肩部
b

图9

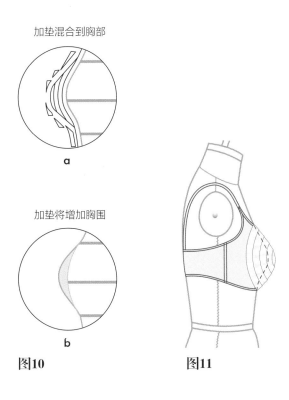

加垫混合到胸部

a

加垫将增加胸围

b

图10

图11

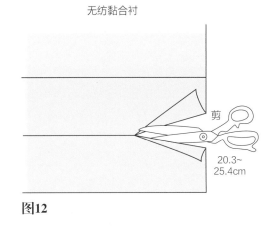

无纺黏合衬

剪

20.3~
25.4cm

图12

完成的尺寸表（FMC）

图13~图15

完成的尺寸表记录着模特在每个标记部位的尺寸，这个表帮助人们把握在将人台补正至模特的尺寸时所需补正的量。将指示线黏在模特和人台的表面。指示线是根据模特的那些被编号的项目来设定的。将编号项目对应在人台上以作参考。

1. **垂线：** 将绳子的一头放在手臂下，另一头系重物，移动下端使绳子和脚踝骨线在同一条线上。如果需要，在模特的侧面重绘侧缝线。

2. **中线长：** 从颈窝沿前中线量至腰围线，后颈沿后中线量至腰围线，并标记。

   记录：**前** _____，**后** _____。

3. **肩斜度：** 从标记前/后腰至肩点。

   记录：**前** _____，**后** _____。

4. **胸高位：** 从肩/颈点量至胸围线水平线。

   记录：**前** _____。

5. **胸点：** 从前中线量至胸点并标记胸宽的位置。

   记录：**前** _____。

6. **上胸宽：** 前中线量至袖窿中点。

   记录：**前** _____。

7. **下胸围：** 前中线水平量至侧缝线。

   记录：**前** _____。

8. **背宽：** 后中线量至袖窿中点。

   记录：**后** _____。

9. **肩宽：** 后中线量至肩点。

   记录：**后** _____。

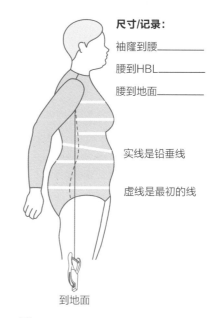

尺寸/记录：

袖窿到腰_____

腰到HBL_____

腰到地面_____

实线是铅垂线

虚线是最初的线

到地面

图13

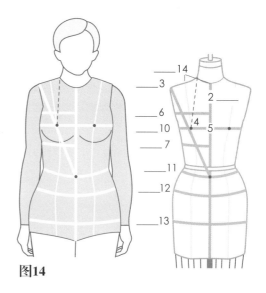

图14

图15

围度测量

在从前中线或后中线量至模特侧缝时的围度分为一半。

10. **胸/背围:** 从前中线过胸部表面量至侧缝;
    从后中线至袖窿下5cm的侧缝。
    记录:**前** _____ , **后** _____ 。

11. **腰围:** 从中线量至侧缝。
    记录:**前** _____ , **后** _____ 。

12. **上臀围:** 从中线量至侧缝。
    记录:**前** _____ , **后** _____ 。

13. **臀围:** 从中线量至侧缝。
    前 _____ , **后** _____ 。

14. **肩线长:** _____ , **颈围** _____ 。
    在前中线测量胸点的高度。
    记录以便参考 _____ 。

改变人台形状

按照以下步骤进行:

- 先完成右侧人台的补正,以便操作,再将左侧做成和右侧一样。
- 从前面或后面开始均可,但最好是从上向下开始补正。
- 补正的过程由往人台上贴棉絮,以及将棉絮塑形使人台达到模特的尺寸两个步骤组成。
- 当达到满意的效果时,用剪下的黏合衬条覆在其表面,并用熨斗固定。
- 公主线亚麻布罩是根据补正结束后的人台制作的。

絮垫的特点

图16

购买的棉絮应附着性好、柔软,叠在一起时也能保型,易塑形,易撕开,易混合。棉絮在压力下会变薄,絮垫层很厚时在混合时可以削减厚度。在购买前测试棉絮。

在补正的过程中,最重要是要经常测量,并不断检查各部位的尺寸。以镜子里变化的影像作为补正人台的指示。

回顾第40页的模特观察一节。

参考第42页的FMC表。这个表给出了在人台上标记部位的说明,并给出补正后的尺寸。

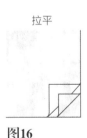

拉平

图16

第一步：需要的棉絮

图17和图18

- 将棉絮剪成第一层所需的长度，给FMC表中（#13）上臀围加2.5cm，在前片和后片加7.6cm。
- 使棉絮超过前中线2.5cm，并高过肩膀2.5cm。使棉絮平坦过渡并超过侧缝线，用针在胸点固定。
- 如果肩膀不需要絮垫，将其剥掉用于胸部。
- 标记肩线和侧缝线，接缝线处修至1.3cm宽。
- 后背：操作方法和前面相同，省去胸部的步骤。在肩膀和侧缝线留出1.3cm宽作为重叠区域。去掉钉在肩膀和侧缝的针。棉絮在后中线重叠，并标出腰线。用手将肩膀和侧缝的重叠区域压合，并用针暂时固定。

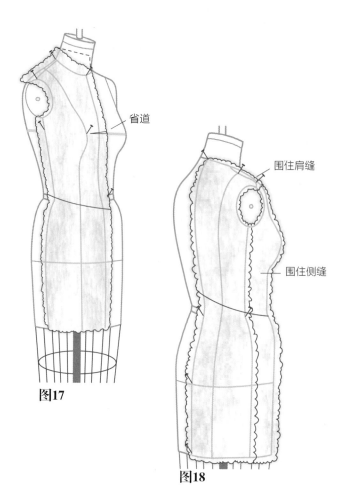

省道

围住肩缝

围住侧缝

图17

图18

第二步：构建体积

图19

　　体积是由棉絮一层一层垫至每个部位都达到了所需的尺寸所建立的。脂肪层在人体前面和后背的分布是不同的，侧缝线是一个重要的分割。侧面的图例展示了补正后的人台与模特的身材相同。

　　每层棉絮都要用手压紧。当用手压还不够时，可用针固定。用黏合衬固定后可以将针取下。

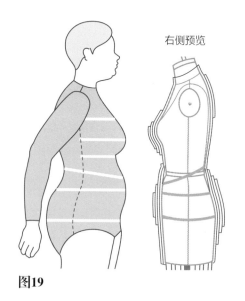

右侧预览

图19

前上身

图20和图21

　　将棉絮根据模特的尺寸覆在第一层上。与表中的尺寸做比较（见第42页的表）。从示例可以看出前上身那些需要补正的地方。

胸/背宽（见FMC表#10）

　　第二层棉絮从延伸处开始过胸部表面贴至侧缝线，直到后中线结束，然后用针钉住。标记侧缝线，将剩余的棉絮压在人台上用来塑形。注意检查尺寸。

胸高和胸点（见FMC#4和#5）

- 在胸点(#5)之间测量胸高(#4)。注意经常核对尺寸。

上胸宽/胸宽（见FMC表#6）

- 棉絮条从延伸处起，过胸部垫至侧缝线。用针固定，并**标记侧缝线**，然后继续垫至后中线，再用针固定。协调胸点，胸高和肩线。有必要时对其做调整。

下胸围（见FMC表#7）

- 按照胸部下弧线的较高压棉絮条。
- 将胸部附近到侧缝线的棉絮理平整。如果需要测量尺寸并调整。根据模特的镜像或照片来检查，以确保准确。

前斜度（见FMC表#3）

- 前腰中点量至肩点。如果需要增加或减少棉絮。

肩线长（见FMC表#14）

- 从肩点量至脖子。如果需要对其做调整。

后背部

图22和图23

肩胛宽（见FMC表#8和#9）

- 在后中垫棉絮，覆盖过肩点和肩胛骨，用针固定并测量尺寸。必要时增加或减少棉絮。复查尺寸。

后斜度（见FMC表#3）

- 从后腰中点量至肩点。增减棉絮来调节尺寸。用模特的侧视图或用照片来做对比。

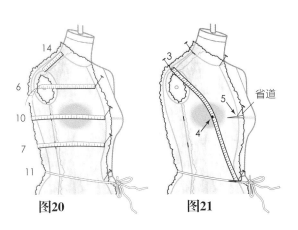

图20　　　　　　图21

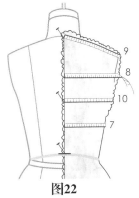

图22

图23

补正下身：前后片

图24

臀围线/上臀围（见FMC表#12和#13）

· 从前中的延伸区域开始垫棉絮至侧缝线。标记侧缝线并继续垫棉絮至后中线。用针钉住并分开测量前后片的尺寸。增减棉絮将尺寸调至记录的尺寸并使其协调。

腰围线（见FMC表#11）

· 将棉絮从臀围处垫高至超过腰线并压平至侧缝。用绸带标记腰线。必要时测量尺寸并调整。在腰线的地方系住衬垫。复查所有的尺寸并对需要增加或减少棉絮的地方做调整。与模特或照片对比，必要时对其再做调整。

最后的外形分析

图25

· 垫好棉絮后的右侧视图。

· 与模特的体型作对比，并在需要的地方做调整。

· 当补正至满意的效果后，下一步就是将黏合衬压在棉絮上。

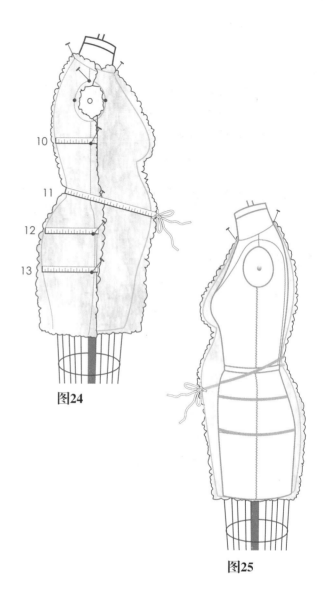

图24

图25

第三步：熨烫黏合衬

图26

- 该在棉絮表面熨烫黏合衬来固定了。在一个地方熨烫3~5S然后缓慢移动熨斗至衬垫的底部。
- 考虑到胸部的曲线，第一步先将前中/门襟在胸围处铺平。
- 每个衣片重叠进去5cm，高温定型。
- 蒸汽将多层面料压在一起。
- 用针暂时别住布条，使其在熨烫时不会乱跑。
- 胸部区域需要将布料剪开并重叠省来贴合胸部的曲线。

　　完成服装的前后衣片热整理，检查胸部以下是否平服，如果不是，消减胸部以下多余的量，压平省尖处，增大胸部面积。完成棉絮的填充和熨烫门襟部位。检查所有的测量数据。

设置侧缝和公主线

图27

- 紧贴人体测量侧颈点到肩端点的距离。使卷尺自由悬垂，校正并画出侧缝线，肩线和领围线。
- 标记公主线：在腰围上距离前中心少于2.5cm处至胸部标记公主线。标记肩线中点。在后背上同样的位置做标记。

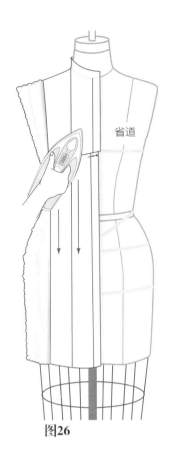

省道

图26

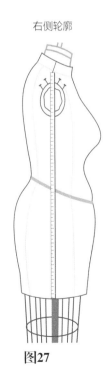

右侧轮廓

图27

第四步：人台包布

包布是用来保护补正的人台。人台补正后要覆盖一层棉布。裁剪棉布，首先对面料预缩，将包布悬挂在补正后的人台上，如图所示。包布做公主线立体裁剪。允许与公主线紧密贴合，使其更加容易纠正可能出现的问题。公主线的立体裁剪说明参见第278~281页。贴合人台上的公主线来达到理想长度，忽略衣片上的波浪。如果喜欢，可先在模特身上用包布做立体剪裁，按照以下说明达到适体过程。

准备立体裁剪的裁片

图28

轻轻地在衣片上标记前、后领窝弧线，轻微的舒展领窝线周围的棉絮。在离前中2.5cm、离后中3.8cm处画直线。

立体裁剪测试包布

图29

· 插图展示了前中公主线衣片的例子，伸长出去2.5cm，不折进去。

· 为了满足胸部曲线，在前中胸围线处捏一个省道。继续立裁前、后部分补正的人台。

缝合或粗缝立体裁剪的第一次裁片

图30

公主线、侧缝和肩点被包裹并用针固定在一起。取下包裹在人台上的样片，画出肩线，侧缝线和公主线。

校准缝合线进行粗缝，或用机器大针脚缝合。

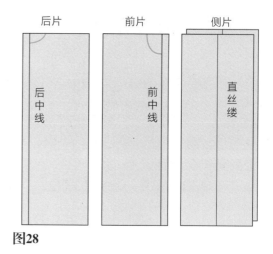

后片　前片　侧片

后中线　前中线　直丝缕

图28

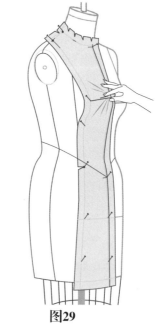

图29

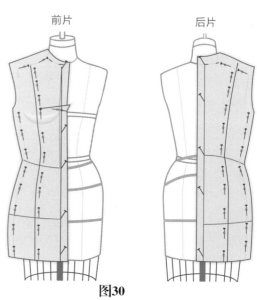

前片　后片

图30

在人台上放置缝好的包布

图31

在人台上放置缝好的包布来检验是否表面有余量或紧绷。检查袖窿部位是否存在褶皱，如果有，按以下指示进行。

- 校正：将肩部和公主线处的余量释放到胸部。将多余的量移到公主线使布面平滑。
- 在布片上用针固定来修正袖窿。如果有需要，调整后袖窿弧线。
- 如图所示，检查是否有过紧或过松的表现。公主线的位置是否正确？如果出现不合适的地方，拔去针，在面料上做记号，重新用针固定。

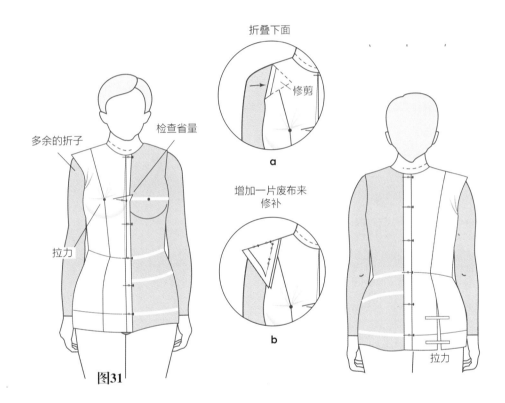

图31

袖窿和领线塑形

图32

- 围绕袖窿一圈测量，画出袖窿弧线。
- 沿着模特的领线画出领窝弧线。
- 从模特上取下面料，修剪使袖窿和领窝处放出0.6cm的缝份。
- 最后，修改过的进行标记和假缝，熨烫后放到补正的人台上进行最终检查。

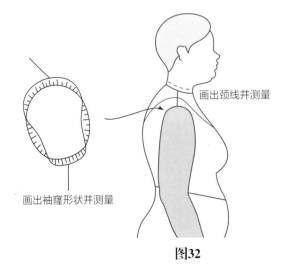

图32

第五步：检查适体性

在补正人台上检查包布适体性

- 把修正后的包布覆盖在补正后人台上。
- 检查一下看是否需要添加或者减少棉絮使其有更完美的适体性。
- 包布看起来要服帖。达到满意的效果后，把包布从补正人台上取下来。
- 去掉假缝线并熨平（常温熨斗）。在做纸样前修顺并校准所有的缝线。

制作纸样

图33

- 描画包布样片到纸上，并留1.9cm的缝份。
- 描领围线和袖窿线贴边。前后贴边的宽度是4.4cm，前中贴边对折裁剪。
- 裁剪最后的包布裁片，并用中厚亚麻斜纹布作衬里或用你选择的面料。在裁剪和缝合前对面料进行预缩处理。同样再裁剪一套（包括包布面子和衬里）。

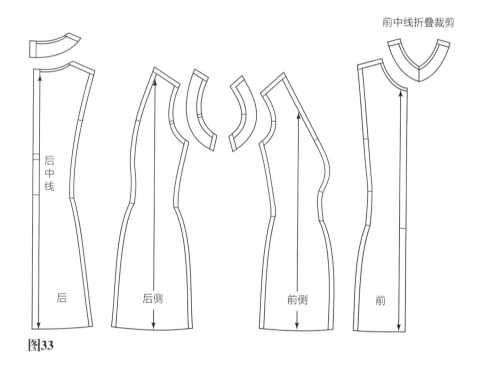

图33

缝制指导

胸省缝制。

- 连接右和左衣片以缝合前中心缝份。折叠前中心接缝和边缝。修剪缝份至1.3cm以内。
- 缝合公主线并将缝熨开。
- 在上下两层的领窝和袖窿处缝贴边，锁边、缝合。

补正人台左半部

· 按照说明修正人台的左半部分使其和右边一致。在左前中心开始贴棉絮，第一层棉絮通过中线。棉絮要从右边盖着左边。用拇指按压使贴在一起。

· 用黏合衬热压连接缝线，在后中线留一个开口，以便安装长裙/短裙或者从上到下的一个拉链。拉链在中心线上。当拉链放好后，并且当包布里子加到面子上以后，修剪多余的布。粗缝侧缝，使包布里子固定在所需要的位置。为了清洁方便，包布做成可移动的。另外在包布里子的侧缝处留下一段短的粗缝部分，以便当模特体型改变时允许调整棉絮。热压黏合衬布。

覆盖人台

· 将包布面子覆盖衬垫，以使肩和边缝左右一致。在肩侧缝处用针把包布和衬垫别在一起。

· 别好后，小心翼翼的把包布和衬垫从人台上取下来。

· 沿着衬垫和包布的边粗缝，然后用机针缝。

附上包布里子

· 在人台上放置完成的里子，调整到人台在胸围线上的适体性，然后取下来。

· 将里子粗缝到包布面子和衬垫上。棉絮夹在面布和里布之间。

· 机缝领窝线、袖窿线和底部边缘，留下后中线不缝合，选择闭合方式。

闭合方式选择

· 裙子拉链长度应该是从后颈点到腰围线以下17.8cm。

· 开口式夹克拉链：当未拉上拉链时，后右侧和左侧是分开。

· 尼龙搭扣：0.6cm到1cm宽。

缝合贴边到包布

· 在颈部和袖窿部缝合贴边。

· 在肩部和前领窝中心缝边和定位。

完成下摆选择

图34

· 折叠下摆，缝合包布的底部。

· 下摆镶边。

· 增加一条镶边。

· 为了保证衬垫在人台上相应的位置，在人台包布里子边缘呈一个角度插入两枚针。

注意： *如果随着时间的推移，模特的体型发生变化，放开侧缝，放进去一点棉絮或者掏出棉絮，然后再将侧缝粗缝。*

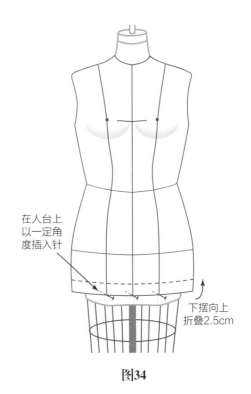

在人台上以一定角度插入针

下摆向上折叠2.5cm

图34

女装基础样板

女装基础样板的简洁使得其成为介绍立体裁剪的最佳选择。在这一章里，我们将应用立体裁剪的原理和相关技巧来完成女装基础样板的立体裁剪。在掌握了立裁过程的基础原理后，你将会更有自信地完成更为复杂的设计。

女装基础样板立体裁剪的原理和技巧

女装的立体裁剪就是要符合模特或人台尺寸的需要，符合胸部、臀部和肩胛骨之间凹凸的连接。放松量是为了增加穿着运动的舒适性。袖子中线应该稍微向前侧缝设置，这样可以和模特的姿势精确对准。裙子从臀部最宽的地方垂直悬挂，下摆与地面平行。用省道收去不需要的多余的份量，控制服装的合体性，例如，收去胸部、臀部和肩胛骨等部位放射端点出现的余份。

女装基样的基础与所有的立裁服装有关，包括认识线条之间的关系、平衡、合体等是立裁过程的基础。

立体裁剪出一件完美的服装需要时间和耐心，每一位熟练的立裁师或设计师都知道努力工作和坚持不懈才是达到完美的关键，还有就是对立体裁剪出漂亮服装的热爱。

三个立裁原理

三个立裁原理应用于通过立体裁剪方法产生新的设计的过程中，包括**收省原理、横丝缕原理**和**袖子平衡原理**。

1. 收省原理

省道是一个使服装适体的手段，控制着在立体裁剪标记线内多余的份量。在立体裁剪过程中形成的楔形形状就称为省道。省宽依赖于多余份量的多少，省长取决于与省道来源的距离。

2. 横丝缕原理

横丝缕与直丝缕是垂直的，当放置在人台上，平行于地面，横丝缕标准线就会有高于或

低于参考线的放松量，降低横丝缕线产生的余量，可以形成褶、裥、碎褶等。

3. 袖子平衡原理

一个非常平衡的袖子应该与女装人台侧缝对准或稍微向前，或者袖子应该和模特手臂的角度和位置保持一致。如果人台的肩线或侧缝没有校准，袖子就不能够准确地对位，或者不能够旋转。

三个立裁技巧

三个立裁技巧应用于通过立体裁剪进行服装设计的整个过程中。这些技巧包括**省道移位、增加宽松度、廓型修整**。

1. 省道移位

当将白坯布平滑地从胸部或任何凸起的部位推向按照设计所指示的部位时，布的余量就会沿着人台上的缝线（边界）进行移动。这些余量就可以根据设计需要以省或跟省差不多的其它形式收掉，本书的很多篇章里都贯穿着这样的图例。

2. 增加宽松度

想要比基础省道多的宽松度是可以提供的，在指定的位置沿着缝线将白坯布剪开，按照所需要的宽松度将丝缕降低或抬高。宽松度用来产生波浪、皱折、碎褶、摺裥或任何设计需要。利用比例尺（详见第229页）来决定所需要的宽松度。关于这种立体裁剪技巧的例子也在本书很多章节中可以找到。

3. 廓型修整

为了显示人台或人体的轮廓，胸部连线要去除，以便将面料能够悬垂到胸部凹陷处。对于无肩带的礼服来说，侧面的松量也要去除。这种立体裁剪的技巧可以在第十三章中见到。

第一个立体裁剪

轻的或稍重的便宜的白坯布被用来做的立体裁剪。因为设计师在整个立体裁剪过程中，要在人台或模特上标记所有的参考点，建立界限。当立体裁剪完成时，针被去除，线条被混合、校准、剪切和缝合。将缝好的服装穿在人台或模特上进行评论和适体性评价。

用设计面料做立体裁剪是最理想的了，但是太贵了。在用立体裁剪设计之前，设计师也可以用半身人台来解决难点问题。

初学的立体裁剪者常常会很惊讶地发现用针别起来的白坯布在人台上看起来是那么地完美，可是缝好以后再挂在人台上是那么难看。一件按照设计面料裁剪的服装，其适体性也会因为设计面料和白坯布的重量不一样而受到影响。

针和做标记

图1

几种固定针法可以用在连接立体裁剪的接缝中。别针不仅仅是连接两个接缝，更是要给铅笔或划粉提供纸样形状的外轮廓的指导。

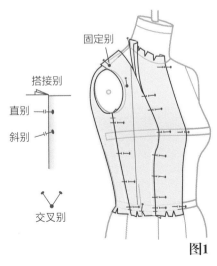

固定别
搭接别
直别
斜别
交叉别

图1

用针固定的种类

用针固定的种类包括**重叠针法、固定别、交叉别**等（见第55页）

重叠针法

别针垂直或以一定的角度将两个重叠在一起的接缝别住。

固定针法

针的针尖扎到人台上暂时固定白坯布。

交叉针法

经常用于胸部，以确保进行立体裁剪时其位置不变（详见图2~图4）。

标记参考点

图2~图4

用于立体裁剪的白坯布都要标记上参考点，这样可以帮助从下面转移女装人台或模特的形状。有三种标记方法，选择其中一种，在整个立体裁剪过程中然后很清晰地标记白坯布上，或者在立体裁剪结束后再进行标记。点画线和破折线在文中也有图示。

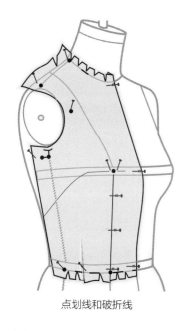

点划线和破折线

图2

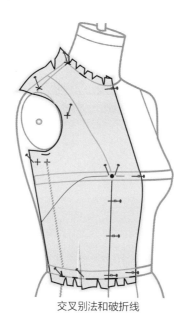

交叉别法和破折线

图3

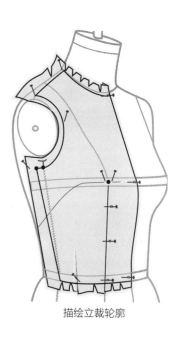

描绘立裁轮廓

图4

女装基础样板立体裁剪

图5

基础样板的前片可以做成（a）有一个单腰省，（b）一个腰省和一个侧缝省，或者（c）一个腰省和一个肩省。选择前片进行立体裁剪。

图5

五种基本样板部分

图6

布料裁片以无缝份的形式转移到纸上，形成纸样。缝份后面再加。衣身和裙片的省道被部分地剪开，以保证稳定性。

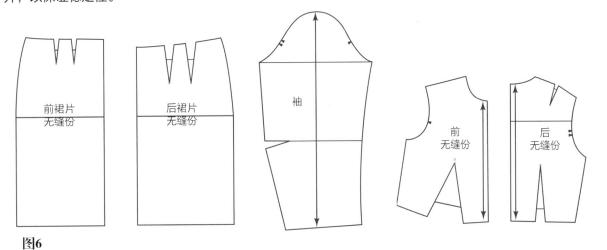

图6

确定白坯布的尺寸测量人台

图7

测量人台的前面，并记录在所提供的空白处，或者采用之前记录在尺寸表中的（第32页）尺寸（注意图示中的数字8、9和6）。

- 全长（#8），加10.2cm=_____。
- 胸围（#9），加10.2cm=_____。（胸围线）。
- 上面的测量也应用于后片的白坯布。
- 胸高（#6），从针尖点X到胸围线的距离。

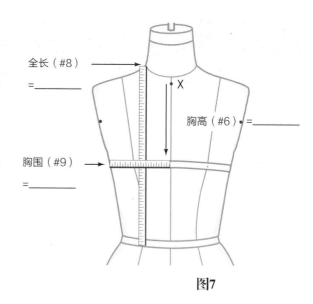

图7

准备衣身立体裁剪的白坯布

图8和图9

- 用给出的尺寸裁出两片白坯布，一片做前片，一片做后片。
- 按照裁片的直丝缕方向折叠2.5cm进去，然后用无蒸汽的熨斗烫平。
- 用曲线板按照给定的尺寸画出暂时的领窝线，剪去多余的量。
- 从前后中心线上向下1cm标记X点。
- 前片：从X点向下量取胸高尺寸，在白坯布上垂直直丝缕线画一条横丝缕线。
- 后片：从X点向下量取10.2cm或四分之一后中线长，在白坯布上垂直直丝缕线画一条横丝缕线。

- **注意：** 把这一页作为参考。

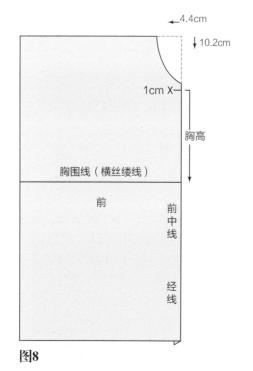

图8

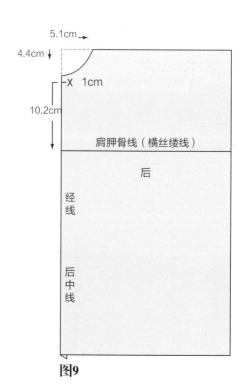

图9

前衣身立体裁剪

为了得到立体裁剪衣身准确的外轮廓，用铅笔或尖的划粉以点线/点画线、交叉线/点画线清晰准确地在白坯布上标记出关键的参考点，或者画出完成的立体裁片的轮廓线。标记可以在做立体裁剪的过程中进行，也可以做完立体裁剪后进行标记。点线和点画线已经有图示了，其它标记方法可以在第56页的例子中看到。白坯布从女装人台或模特上取下来后，上面的标记点要连接起来，准备粗缝起来预先看适体效果，或者转移到纸上形成纸样。修剪白坯布裁片并检查适体性。在人台的领口和腰部的缝线处打剪口，但不要剪过缝线，以释放压力使之平服。确保袖窿深度是用别针别住进行标记的。设计师也许想检查一下用别针别住的白坯布，粗缝原始的白坯布裁片，或者已经转移到纸上的经过立裁的白坯布，经过裁剪，再用设计的布料进行缝合。

人体模特上的立体裁剪

为了准备在人体模特上进行立体裁剪，请翻回到第34~38页。完成后，你再回到这一页看立体裁剪的进一步说明。

把白坯布固定在人台上

图10

折叠白坯布将X点对准人台上前领中心点，用针固定住X点，然后按照以下步骤

- 用针固定颈部、胸部，及前中腰部中点。
- 从前中线抚平白坯布到胸高点（用交叉针法固定）。
- 再将白坯布从胸部平滑地推向肩部，用针临时固定。

横丝缕线将向下落，在胸部以下形成波浪。

图10

做领线和肩部的立体裁剪

图11

- 从胸部开始将白坯布平滑地向上推，沿着领线打剪口，但不要打过领线。在肩部和领围处用针固定。
- 从胸部平滑地向上推白坯布，然后再从颈部沿着肩部平滑地推向肩端点，在离开颈部2.5cm的地方打剪口，以释放压力使之平服，然后固定面料。

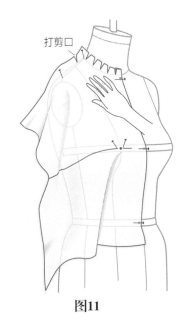

图11

连接凹陷处

- 从肩端点沿着袖窿线的边缘到侧缝线向下平滑地推白坯布，放置一枚固定别针，然后沿着袖窿线约2.5cm处进行修剪。要确保允许面料能够连接从肩部到胸部的凹陷部位。如果有压力的折痕，而且比较明显，那么去除别针放松面料，再重新用针固定。
- （人体模特的适体性：移动手臂允许在袖窿下有空间做立体裁剪，并可以修剪。）
- 从前中腰线到公主线平滑地推白坯布，并打剪口。在腰带下端用点标记公主线的省长位置。
- （人体模特的适体性：在白坯布上标记省的位置，如图12所示。）

修剪多余的布

图12 ~ 图14

- 沿着领线修剪0.6cm多余的布，沿着肩部修剪2.5cm，沿着袖窿和腰线修剪1.3cm或更多至公主线处。

标记的重点：

- 胸点
- 领弧线中部
- 肩部/领部
- 肩端点
- 用针标记袖窿中部
- 前中线到腰带下端

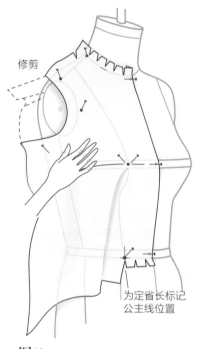

修剪

为定省长标记
公主线位置

图12

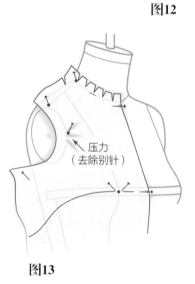

压力
（去除别针）

图13

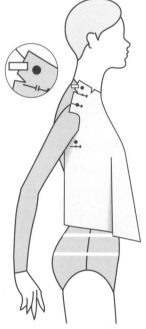

图14

袖窿松量

图15

　　沿着袖窿弧线在袖窿中部和侧缝之间设置松量。松量允许手臂向前运动时，能够给连接身体和手臂的肌肉和脂肪一定的空间量。具体如下：

· 去除侧缝的固定针，将面料向上举起（以胸部为旋转轴），用针固定一个0.3cm的松量折叠起来（总共0.6cm），松量的方向指向胸高点。

· 沿着袖窿平滑地推白坯布，在刚好过侧缝线处用针固定。

　　注意：垂下来的横丝缕，将在腰部形成一个裆。

标记袖窿盘，袖窿深

· 沿着侧缝到腰带下端平滑地向下推白坯布，用针固定。

· 用铅笔擦临时画一条侧缝线，如图所示。

· （人体模特的适体性：紧身衣有一条侧缝线可以做标记。）

· 在袖窿盘底部画一条短弧线。

· 标记袖窿深，并用针固定。

· （人体模特的适体性：袖窿深已经标记出来了，详见第37页图7。）

· 拔掉增加松量的针。

侧缝松量

图16

· 从袖窿深向下测量1.3cm作为侧缝松量，用点标记或划粉做标记。

· 从腰侧到公主线平滑地打剪口，并修剪白坯布。在腰侧和公主线之间做0.3cm的褶，用针固定（总共0.6cm大）。

· 在腰带下端用点标记公主线的位置，作为其它省长的位置。

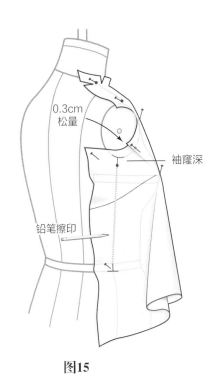

0.3cm
松量

袖窿深

铅笔擦印

图15

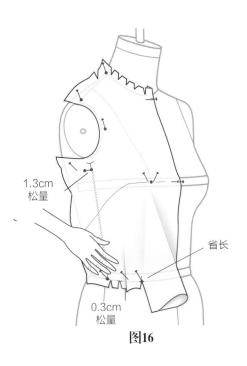

1.3cm
松量

省长

0.3cm
松量

图16

收省

图17和图18

在立体裁剪的裁片被标记成衣身纸样固定的一部分之后，多余的布料就会沿着胸部分散开。基础单省可以控制衣身的适体性。多余的布料就会以单省或多省，或相当于省的其它形式收掉或限制住（关于多余布料更创意的用法将在第6章中讨论）。

- 向前中心线方向折叠省多余量，如果省多余量折叠到中心线处，如图虚线所示，修剪多余的量至省边线2.5cm处（侧缝松量1.3cm用尺子画出来，或者在最终用针固定和标记环节中被折叠）。

- 折叠省道的第一个缝，然后折向省长的另外一边。垂直地在省长的折叠线上用针固定。不能把针固定到人台上。

- 修剪多余的布，在腰围线处保持1.3cm的量。

- 为了更加精确，用那些记录在尺寸表里的数据重新检查所有的标记和尺寸。

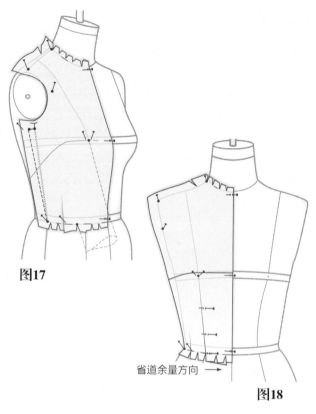

图17

省道余量方向 →

图18

折叠缝份

图19和图20

- 以标记线为参考沿着肩线和侧缝线折叠缝份。

- 立体裁剪的前片可以拆下来，或剥下后片，以给后衣身进行立体裁剪时留出空间。取下固定松量的针。

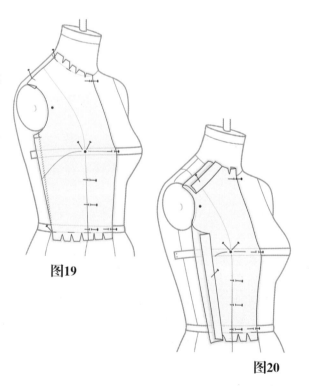

图19

图20

后衣身立体裁剪

图21

- 在人台上放置在后中线（见X点）折叠好的白坯布，然后在颈部、横丝缕线处、腰部中点处用针固定（模特的适体性在下一部分中进行说明）。

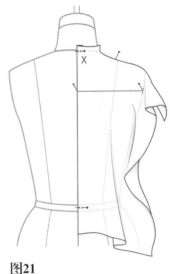

图21

图22

- 沿着横丝缕线从后中线向袖窿中部针尖位置平滑地推白坯布。横丝缕线需要和地面平行。
- 平滑地推白坯布到肩部，临时用针固定。
- 沿着领线平滑地推布并打剪口，在肩部/领部用针固定。
- 沿着肩部到公主线平滑地推布，在省长位置做标记。
- 沿着公主线画一条7.6cm的线，指示出省长线的角度。
- 从公主线位置沿着肩线1.3cm用点做标记，作为取省位置（详见放大图）。
- 距离颈部2.5cm处打剪口。

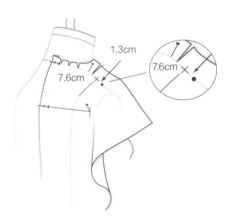

图22

图23

- 从点标记到点标记之间折叠肩省，多余的量在反面倒向后中线，画垂直褶，用针固定，不要固定到人台上（详见放大图）。

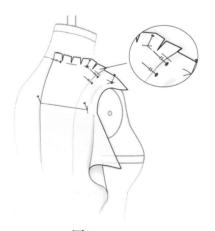

图23

图24

- 将布平滑地推向肩端点，用针固定。
- 沿着袖窿边到袖窿中部针尖处平滑地推布。去除别针调整一下，看是否太松或太紧。
- 标注以下位置：
  - 后中颈部
  - 领弧线中部
  - 肩部/领部
  - 穿过肩省的线
  - 肩端点
  - 袖窿中部用针标记
- 保持领线处0.6cm的量，在肩线和袖窿到袖窿中部针尖处保持2.5cm或更多的量，剪去多余的量。
- 从后中腰线到公主线之间平滑地推布、打剪口，修剪多余的量。在腰带下端交叉别出省长的位置。

图25

- 在公主线处用点标记3.8cm省量（其中标记2.5cm是年轻人的尺寸）。
- 按照点标记折叠腰省，省余量倒向后中线。

图26，图27

- 垂直或以一定的角度在省折叠线上用针固定，不要别到人台上。
- 沿着腰线平滑地推布、打剪口，修剪保持1.3cm，在裥上用针固定松量0.3cm（总共0.6cm）。
- 沿着侧缝平滑地推布，用针固定。
- 用铅笔或尺子画出侧缝线。
- 画出袖窿弧线。
- （人体模特适体性：线条预先已经标记出了。）
- 标记袖窿深，增加1.9cm的松量。
- 在以下点处标记腰线：
  - 侧腰处
  - 腰线中部
  - 穿过省道处
  - 后中腰点
- 在袖窿保留1.3cm，侧缝保留2.5cm，修剪多余的量。
- 去除/移走固定的针，在后缝上折叠前肩线和侧缝线，非常仔细地与参考的标记点对齐。在折叠线上垂直用针固定，不要别到人台上。

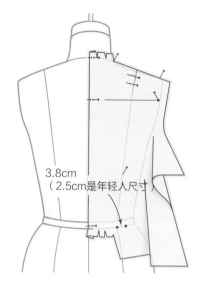

3.8cm
（2.5cm是年轻人尺寸）

图24

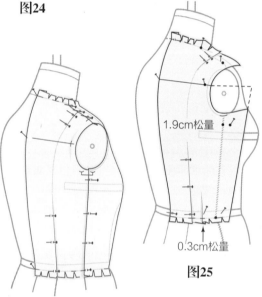

1.9cm松量

0.3cm松量

图25

图26

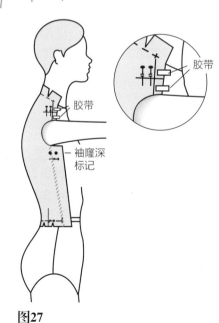

胶带

胶带

袖窿深标记

图27

- 为了校准（详见第76页）和有一个比较平衡的袖窿（详见第66页），再次检查白坯布的适体性。如果需要修正立体裁片，在检查完适体性后，取下衣身，去除别针和混合的线条，用尺寸表检查尺寸，把白坯布衣身裁片缝合起来，先将其转移到纸上形成纸样（详见第69和78页），或者：
- 在转移到纸上形成纸样之前，先做裙子立体裁剪，画出袖子，完成5个纸样后再进行转移。

衣身立体裁剪的适体性分析

　　一个具有很好适体性的立体裁剪，应该当固定的别针从前后中线去除后，能够对准女装人台或人体模特上的线。应该不会出现压力线、间隙、或者围绕着领线、袖窿或衣身服装出现松弛（除非是有意增加的松量）。如果适体性问题很明显，就需要调整服装了。用红色的笔标出调整的区域，以便后面进行修正。如果出现很多适体方面的问题，就需要重新做立体裁剪的服装了。

衣身中线对齐

图28

　　完美的对齐是前后中心线完全对齐而没有明显的适体方面的问题。

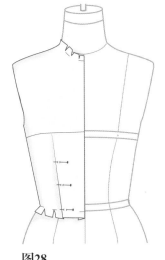

图28

图29

　　当前或后片服装偏离人台上的中心线时，就会很明显出现不完美的对齐。

　　可能的解决方案有：
- 如果针别过了胸高点，则重新在省长处用针固定。
- 释放别针或者在肩部粗缝，以对准中线。
- 重新做立体裁剪，标记肩点，用针固定。

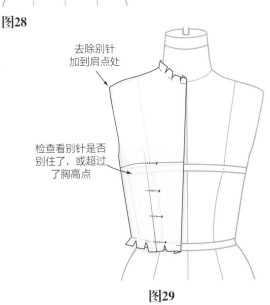

去除别针
加到肩点处

检查看别针是否
别住了，或超过
了胸高点

图29

图30

当前或后片服装在女装人台或人体模特中心线重叠时，就会很明显出现不完美的对齐。

可能的解决方案：

· 抬高肩端点，或者检查取省的位置或侧缝线。

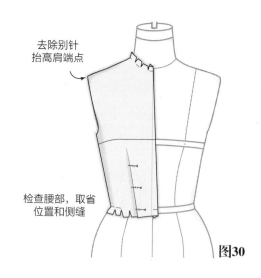

去除别针
抬高肩端点

检查腰部，取省
位置和侧缝

图30

袖窿

一个好形状的袖窿会很顺地适应肩部而不会出现压力线或间隙，它会从人台的侧缝均匀地移开。如果压力或间隙出现在袖窿的任何一处，如图例所示，接下来的指示可以修正这些问题。

一个好的平衡的袖子依靠准确的袖窿形状，和女装人台或人体模特上正确的肩部位置和侧缝位置。所有的调整都应该用红笔在白坯布上标注出来。

间隙高于袖窿中部

图31~图34

· 释放别针，在前肩部或后衣身处平滑地推多余的量（见虚线所示）。
· 重新标记肩端点，重新用针固定。

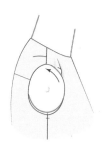

图31

图32

图33

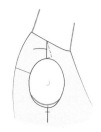

图34

间隙低于袖窿中部

图35 ~ 图38

· 释放别针，在前侧缝或后衣身处平滑地推多余的量。
· 重新标记袖窿深、侧面松量和侧腰，重新用针固定。

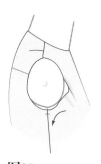

图35

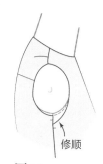

修顺

图36

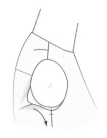

图37

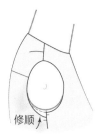

修顺

图38

校准前后衣身

　　在加上裙子之前，对基础衣身进行校正和缝合，以检查其适体性。一个不平衡的衣身或裙子会影响服装的悬垂。为了准备立体裁片的校正，去除针（除非别着省道），然后围绕着裁片画连接线，在画有省道的腰线和肩线时，折叠省道来画。（注意折叠省道时，多余的量倒向衣身的前中线或后中线）。当别针别着时，所有折叠的省道要用描线手轮描出轮廓来，以帮助决定省道线条的形状。曲线板用来画领线、袖窿线和腰线的形状。

　　用尺寸表（见第32页）来验证衣身的所有尺寸，并修改错误。白坯布的裁片可以缝起来看其适体性，或者转移到纸上形成纸样。转移白坯布裁片到纸上，可以用图钉扎到标记点的中心（如图所示），或者在轮廓线处和各个角落用描线手轮画出。

图39和图40

*　　在用混合曲线画完前后腰线后，折叠的省道用描线手轮画出来。去除省道的别针。

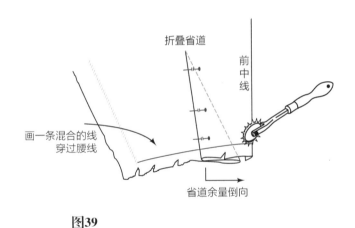

图39

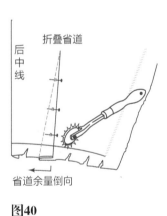

图40

图41

*　　画一条线穿过肩线，保持省道折叠状态，并用描线手轮画出省道线。去除省道的针。

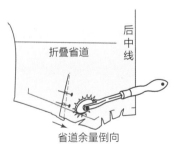

图41

图42

- 画出侧缝线。
- 画出肩省（顺着公主线），省长7.6～
  8.9cm。
- 穿过腰省位置平行后中线向上画一条直丝缕
  线，画到袖窿深水平线以下1.3cm处。
- 从袖窿中部用针固定的地方向外0.6cm做标
  记。

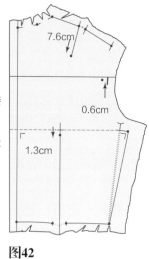

图42

图43

- 画出侧缝线。
- 画出省长线先到胸高点，再从胸高点向下
  1.3cm定省尖点，然后再画连结省尖点的省
  长线。

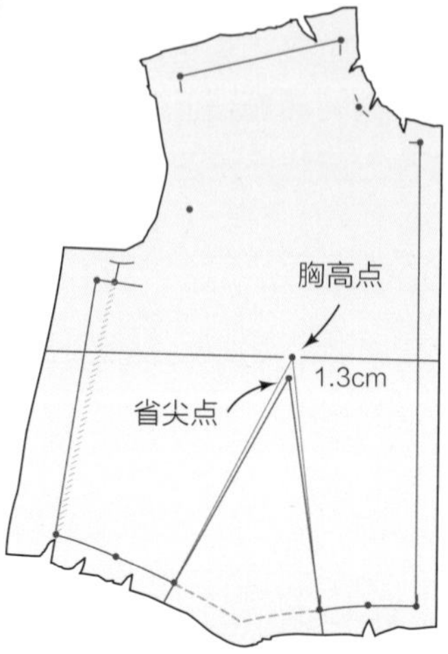

图44

- 画后领线和袖窿线，用曲线板穿过标记点来
  画。

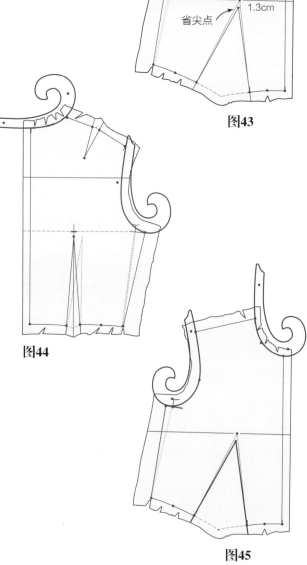

图43

图44

图45

- 画前领线和袖窿线，用曲线板穿过标记点来
  画。
- 到这时，如果喜欢，就可以将白坯布裁片缝
  合起来检查其适体性。

图45

将前后衣身裁片转移到纸上形成纸样

图46和图47

- 距离纸的边缘5cm画一条线。
- 在这条线上放置后中线，然后折叠放置前中线。
- 在图示位置上放置图钉（你也可以选择用描线轮，或继续按照说明）。
- 从纸上去除别针和白坯布裁片。

图48和图49

- 为了增加松量，在高于肩部0.2cm处画肩线。
- 画侧缝线，并在止点处画直角短线。
- 在肩部端点、中心线和腰线处也画直角短线。在袖窿深处也画直角。画省长至省尖点。

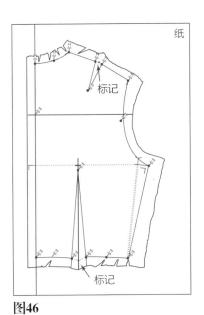

图46

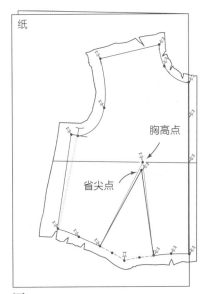

图47

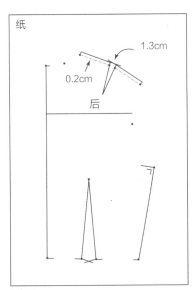

图48

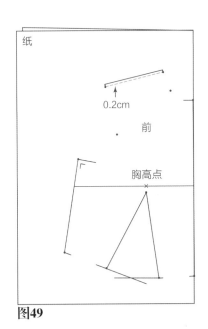

图49

领线、袖窿和腰线

图50和图51

- 后片：如图所示，过三个标记点画领线和袖窿。
- 画出前后腰弧线。

图50

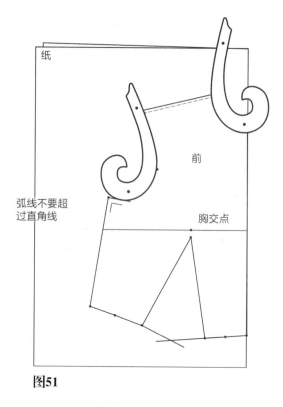

图51

修顺腰部和肩部

图52和图53

- 在腰线和袖窿处留些余量，修顺线条后裁剪纸样。
- 在侧面将肩线对齐，穿过前后片画顺连接的曲线，连接完后，剪掉多余的量。
- 对于平面制板方法采用无缝份的裁片，而有缝份的裁片多用于快速立体裁剪设计中。

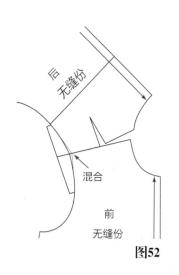

图52

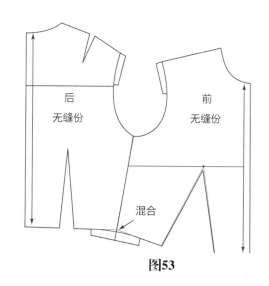

图53

无缝份纸样

图54和图55

· 在省道位置打剪口，用锥子在省尖点钻孔，并标记胸高点位置。

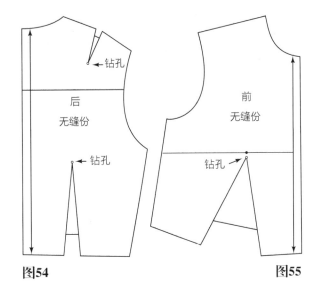

图54   图55

有缝份纸样

图56～图58

· 两个前衣片如图所示，一个省道被剪掉，一个保持全部的省道。
· 缝份：领线0.6cm，肩线和腰线1.3cm，侧缝和中心线可以变化从1.3～2.5cm。
· 剪口：所有的缝线和省长线处。围绕着领线、袖窿线和腰线的缝份的剪口不要超过缝份。
· 用锥子从省尖点向下1.3cm处钻孔/画圈。修剪掉的省道的缝份处通常不需要钻孔/画圈。

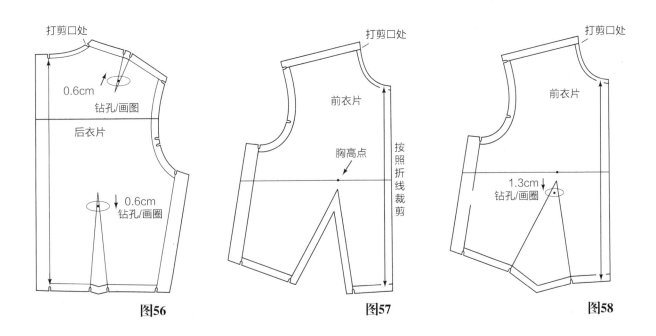

图56   图57   图58

完成有缝份的纸样

袖窿上的剪口在袖子准备绱到袖窿时再做标记。

基础裙子立体裁剪

要做成平衡的裙子的关键在于，在准备做立体裁剪时水平平衡线（HBL）在人台或白坯布上一定要放置准确。如果HBL在女装人台或白坯布上位置不准确，就会出现适体性的问题（详见第76、77页，图75~图80）。基础裙子有两个功能：和衣身合并，就成为连衣裙；加一条腰带，就成为单独的裙子。

准备白坯布

图59

采用第32页记录的尺寸#13和#14的数据。

裁剪的白坯布尺寸

尺寸需要：

- 宽度：臀围加6.4cm，前_____，后_____
- （2.5cm向下折的量，2.5cm缝份，1.3cm松量。）
- 裙长：按照所需要的增加5.7cm。
- 用记录的尺寸裁剪出前后白坯布。

在前后片白坯布上标注辅助线

图60，图61

- 两边白坯布折叠2.5cm，用无蒸汽的熨斗烫平。
- 标注以下尺寸：
  - 臀高：标注臀高线，增加3.2cm，与白坯布的直线成直角画水平线。（多余的3.2cm在做立体裁剪时保持在腰线以上。）
  - 臀围：以水平平衡线（HBL）为参考画臀围线，然后标注1.3cm为臀围松量（如果需要更紧身一些，可以标注0.6cm），然后画一条穿过白坯布长度的水平线。从侧腰角处量取5cm画一短的辅助线X。

测量人台并在提供的空白处记录尺寸

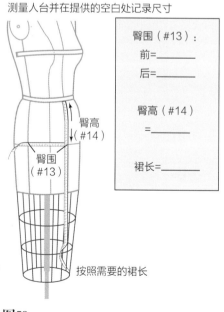

臀围（#13）：

前=_____

后=_____

臀高（#14）

=_____

裙长=_____

图59

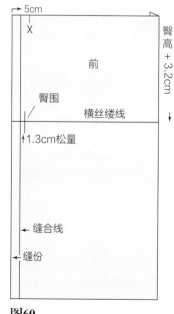

图60

图61

前裙片立体裁剪

图62

- 放置前中线折叠的白坯布，使得布的横丝缕和人台上水平平衡线（HBL）对齐，并且别住。在腰带中部用针固定，并且别到人台上。
- 将白坯布平滑地推向侧缝，使得臀围标记和人台上水平平衡线（HBL）对齐，暂时别住。
- 从水平平衡线（HBL）向上平滑地推白坯布，在侧缝到侧腰处与标记X保持一致（也许要暂时别住）。打一剪口约0.6cm长。

图63

- 从前中线在腰部的位置平滑地推白坯布，然后打剪口并继续推到公主线处，在腰线的公主线位置做标记，暂时放置一枚别住固定住那里。

第一个前片省道

图64

- 在公主线位置做标记作为第一个省道的位置。从公主线向侧缝方向量取1.6cm省道量并做标记，完成省道的提取。
- 过省道标记点折叠省道（见图中直立的省道），然后别住省的长度（7.6～8.9cm）。多余的省道量倒向前中线。

第二个前片省道

图65

- 量取并标记3.2cm作为第二个省道的位置，再量取1.6cm作为省道量并做标记，完成省道的提取。折叠并用针固定（详见第67页）。针不要别到人台上。

图66

- **选择：** 在折叠的省道里放置一枚直的别针（沿着直丝缕方向），然后小心地沿着直丝缕方向移动别针，这样可以使省道直立起来并且终止在省道的端点。

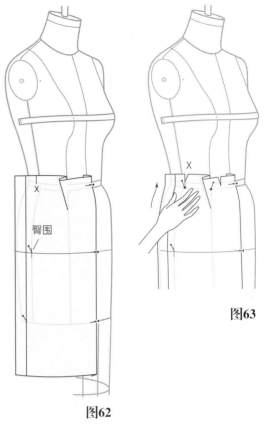

图63

图62

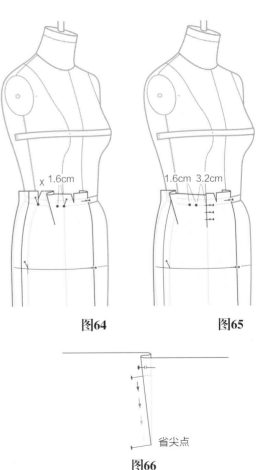

图64　　**图65**

省尖点

图66

图67

- 释放臀部松量。从臀围标记点移动针，重新别在缝线上以释放沿着水平平衡线（HBL）臀围区域的松量。
- 折叠省道，使得省道标记点和针对齐，保证省长为7.6～8.9cm。省道多余的量倒向前中线。

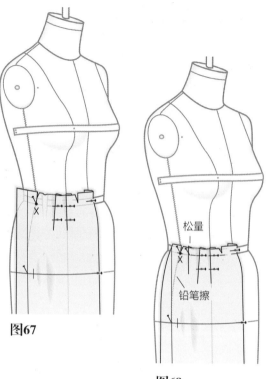

图67

图68

- 在省道和侧腰之间别住并折叠0.3cm松量（总共0.6cm）。如果剩下来的余量或那里没有足够的量来别住松量的话，在X点重新移动针，调整侧腰标记。
- 臀围曲线的铅笔擦标记作为同时别住侧缝线的指导线。
- 模特适体性：在服装上画出侧缝线。
- 修剪多余的量，在臀围曲线上保持5cm，在腰线上保持2.5cm。
- 在腰带底部穿过前中线腰线处和省长处画点画线。

图68

后裙片立体裁剪

图69

- 放置后中线折叠的白坯布，使得布的横丝缕和人台上水平平衡线（HBL）对齐，并且别住。
- 向上平滑地推白坯布，并在腰带中部用针固定到人台上。
- 将白坯布平滑地推向侧缝，使得臀围标记和人台上HBL对齐，暂时固定。
- 从HBL向上平滑地推白坯布，在侧缝到侧腰处与标记X保持一致（也许要暂时固定住）。打一剪口约0.6cm长。

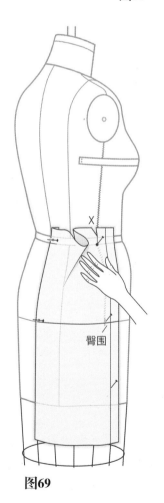

图69

第一个后片省道

图70

- 从后中线腰线处平滑地推白坯布，打剪口，继续推到公主线处，用针固定。在腰带底部标记公主线。

- 从公主线向侧缝处量取2.5cm，作为省道量。

图71

- 从2.5cm省道量处向后中线3.2cm处做标记。

- 折叠第一个省道，使得省道标记点和针对齐，保持省长14cm到15.2cm，省道余量倒向后中线（见图66）。

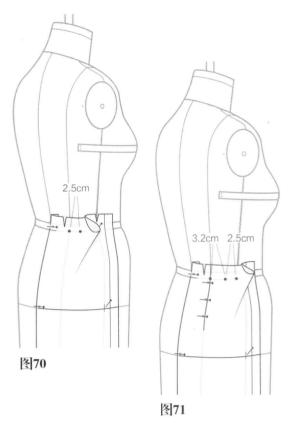

图70

图71

第二个后片省道

图72

- 释放臀部松量。从臀围标记点移动针，重新别在缝线上以释放沿着水平平衡线（HBL）臀围区域的松量。

- 折叠第二个省道，使得省道标记点和针对齐，保持省长14~15.2cm，省道余量倒向后中线。

图73

- 在省道和侧腰之间别住并折叠0.3cm松量（总共0.6cm）。如果剩下来的余量或那里没有足够的量来固定松量的话，在X点重新移动针，调整侧腰标记。

- 修剪多余的量，在臀围曲线上保持2.5cm，在腰线上保持1.3cm。

- 臀围曲线的铅笔擦标记作为同时固定侧缝线的指导线。

- 在腰带底部穿过前中线腰线处和省长处画点画线。

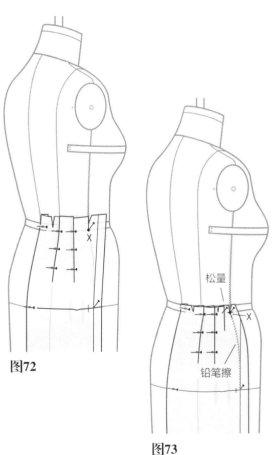

图72

图73

将前后裙片用针固定在一起

图74

- 首先让侧缝的折叠线和HBL对齐，并从HBL至下摆固定住，然后再向上固定到腰线处。

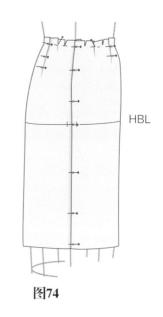

图74

立体裁剪的裙子的适体性分析

允许裙子自由悬挂摆放，保持前中线、侧缝、后中线处用针固定。哪一种情况出现在你悬挂的立体裁剪的裙子中呢？立体裁剪的裙子中的适体性问题是伴随着每一种立体裁剪都会产生的问题。对前片和/或后片做适当的调整。

平衡裙子的悬挂

图75和图76

裙子要和人台的中线对齐，使得从臀部至下摆笔直的悬挂，说明横丝缕线和地板是平行的。

不平衡的裙子

裙子在中线重叠，导致裙子在中线起浪。

可能的原因：

- 不足的省量和/或侧腰不正确的标记。
- 在白坯布、人台或人体模特上标记的HBL没有和地面水平。

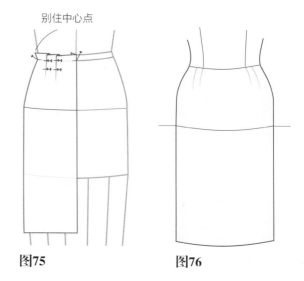

图75　　　　图76

可能的解决方案：

图77和图78

- 去除侧缝的针，抬高侧腰，直到裙子和人台上的中线对齐。
- 用红笔在新的侧腰处做标记。
- 如果需要，增加省量。
- 校正时检查人台上和白坯布上的HBL。

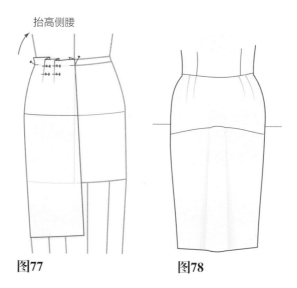

图77　　　　图78

图79和图80

　　裙子从中心处摇摆。结果使得缝好的裙子压在模特的大腿上,当她走路时,裙子移动到腿线以上。

可能的原因:

* 太多的省量和/或侧腰不正确的标记。
* HBL没有和地面、前片或后片平行标记。

可能的解决方案:

* 去除侧缝的针,降低侧腰,直到裙子和人台上的中线对齐。检查后裙片。
* 用红笔在新的侧腰处做标记。
* 如果需要,减少省量。
* 当校正前后片时重新检查人台上和白坯布上的HBL的位置。

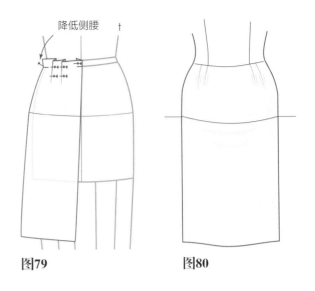

降低侧腰

图79　　　　　　　　图80

将立体裁剪的衣身别到裙片上

图81

* 沿着腰线将衣身别到裙子上。
* 重新检查前后中线是否和人台上的中线对齐。如果需要进行调整。腰省将胸与腰之间的凹陷弥补起来(不用轮廓线)。

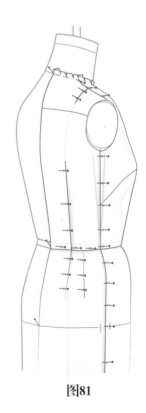

图81

校正前后裙片

通过画裁片周围的连接线来准备校正立体裁片。用尺寸表来验证所有裙片的尺寸，并修正所有错误。白坯布裁片可以通过图钉扎到标记点中心转移到纸上形成纸样，如图所示，或者用描线手轮穿过每一个角落。去掉所有的别针，将白坯布裙片放平，如果白坯布有皱折了，用温的熨斗将其熨平（不要用蒸汽）。

对齐省长

图82

- 验证两个省道具有同样的省量，如果不一样，调整省量。验证两个省道之间的距离是3.2cm。如果需要，调整侧腰以保证腰围尺寸。

- 在每一个省道的中心画一条线至省尖点，并平行于裙子的中线。重新画省量，保持两边相等，并且从腰部向下的省长也相等。

- 省道和臀部：画出前后省长线，用裙子曲线画出臀部形状。

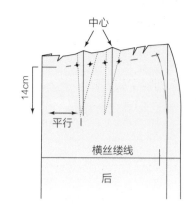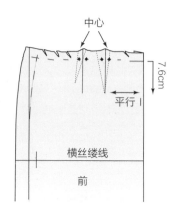

图82

腰线和省道折叠

图83和图84

- 按照正确的线折叠省道，撮起裙子用曲线板在腰线上画出平顺的连续的曲线。

- 用描线轮划过折叠的省道，并去除别针，描线手轮划过产生有孔的标记给出省道折叠时正确的形状。

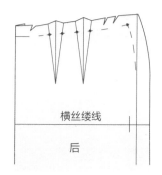

图83

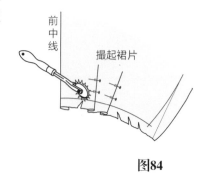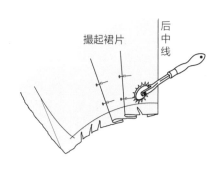

图84

准备前后裙片的纸

图85

- 在尺寸表中找到#13和#14尺寸。
- 长度：根据需要增加12.7cm_____。
- 宽度：前臀围（#13）增加12.7cm_____。
- 宽度：后臀围（#13）增加12.7cm_____。
- 臀高（#14）_____。
- 从纸的边缘到裙长加7.6cm的长度画一条2.5cm的铅垂线，再直角穿过纸画水平线。
- 沿着铅垂线（X）向下臀高尺寸加7.6cm做标记，再直角穿过纸画水平线（HBL）。
- 在HBL上量取臀围加1.3cm，或者如果需要更紧身一点的加0.6cm做标记点（Y），然后继续量取1.3cm或2.5cm作缝份标记点（Z）。
- 过Y向下画直角线作为缝线，过Z向下画直角线作为裁剪线（注意Y与Z之间的量是缝份）。

将前后裙片转移到纸上

图86和图87

- 把白坯布裁片放到纸上，使得前后中线和纸上的铅垂线对齐，HBL（横丝缕线）在铅垂线的直角线上。
- 穿过HBL和中线放置图钉，在纸上平滑地推白坯布，在图示的地方放置图钉。不需要在裙子下面的地方别住，因为轮廓线已经画出来了。从纸上移除图钉和白坯布裁片。

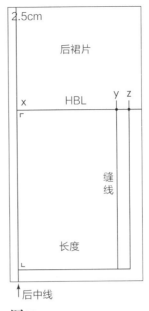
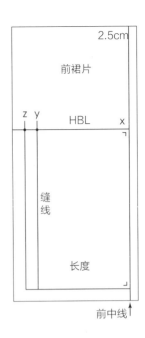

图85

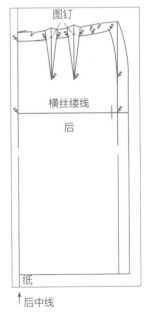

图86

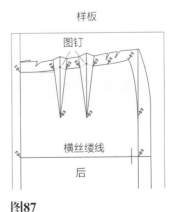

图87

画出前后裙片轮廓线：无缝份纸样

图88

- 画出裙子的轮廓线，用臀围曲线尺画出臀侧的形状。
- 剪去部分的省道量，用锥子在省尖点处扎透。
- 标记纸样。

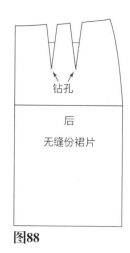

图88

画出前后裙片轮廓线：有缝份纸样

图89

- 折叠纸，并剪出前裙片。
- 画出纸样的轮廓线。
- 增加缝份：在腰部加1.3cm，侧缝加1.3～2.5cm，在下摆加2.5cm。
- 从省尖点向上0.6～1.3cm中心处钻孔。
- 在后中线或侧缝打一个拉链剪口。
- 在后中线打两个剪口，以确定纸样部分。

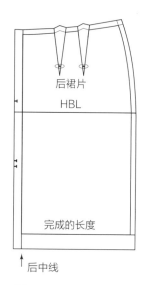

图89

基础袖子

图90

基础袖子，也可以称为山形袖，将和基础女装的袖窿相适应而被画出来。（详见第493页，图3a和b，无省道袖子。）

手臂是人体结构中最有效和活动的部分之一，当测试袖子的适体性和舒适性时，手臂的灵活性必须要考虑到。

袖子在上臂处、肘部、手腕部应该有足够的松量，袖山应该平滑，没有起皱或有压力线。如果肩部和侧缝没有对齐，就会影响袖子的平衡。转动袖子也许是需要的。

具有很好适体性的袖子的中线应该和站姿完美的模特的侧缝保持一直，或者稍微向前。有驼背的模特的手臂会离开侧缝向前很远地垂着。而有直立着肩部的模特的手臂会离开侧缝向后很远地垂着。在两种情况里，袖子应该和模特的姿势一致，并且一个适体性很好的袖子在最后缝合到袖窿之前，也许需要旋转。

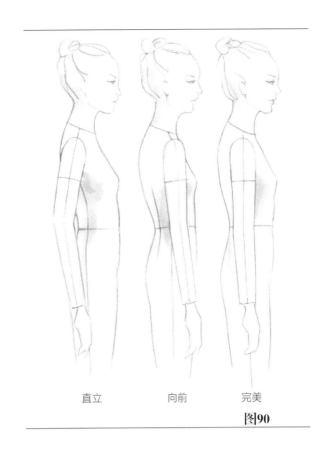

直立　　　　　向前　　　　　完美

图90

袖子的术语

图91

在设计和产品室用熟悉的术语交流，将避免在解决问题时的误解。以下列出了袖子和袖子纸样的术语：

袖山松量： 指袖山和袖窿尺寸的差（范围从3.2cm到3.8cm）。

袖山高： 指从肱二头肌，即手臂最粗处到袖山中点的距离。

袖宽线： 指袖子最宽的部分，将袖山线从较低的地方分开。

袖肘线： 是在肘部打省的位置。

丝缕线： 从袖顶点到腕部的中线——是袖子的直丝缕绺线。

剪口： 一个剪口表示是袖子前片的部分，两个剪口表示是袖子后片的部分，袖山顶点的剪口常常移动到相当于袖山松量的地方。

袖山线： 从前到后袖子的弧线顶部。

腕线： 袖子在腕关节线的底部（边缘线）。

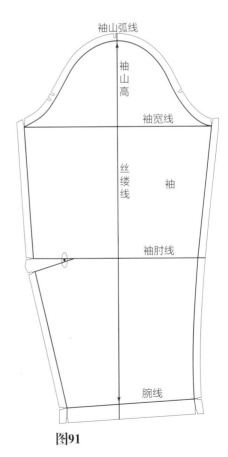

图91

为了适体袖子的纸样测量模特的手臂

用模特的尺寸，或者从袖子尺寸表中选择比较相关的尺寸。数字符合那些尺寸表。记录在表中模特旁边的空白处。

图92

袖窿深

- 在手臂下放一根手指，然后用划粉标记袖窿深，（沿着手指2.5cm），如图（a）所示。

臂长（#23）

- 测量从肩端点到腕关节中部稍微弯曲的手臂尺寸，如图（b）所示。

上臂长（#24）

- 测量从肩端点到肘部尺寸，如图（b）所示。

围度测量

臂围（#25）

- 在袖窿深线上围绕着上臂围进行测量。
- 保持皮尺线和地面平行。
- 用划粉标记皮尺下面的位置，**增加5cm作为松量，但是如果肱二头肌非常大，增加2.5到3.8cm（避免过多的袖山松量）**，如图（c）所示。

肘围（#24）

- 围绕肘部进行测量，如图（c）所示。

腕围（#26）

- 围绕腕关节进行测量，如图（c）所示。

手围（#27）

- 将拇指放到手掌里，围绕着指关节和手进行测量。增加2.5cm作为松量（可以变化的），如图（c）所示。

袖山高（#28）

- 从划粉标记点经过"手臂的球"到肩端点进行测量，如图（d）所示。

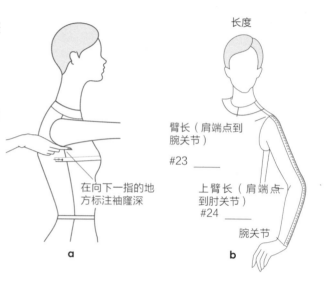

长度

臂长（肩端点到腕关节）

#23 _____

在向下一指的地方标注袖窿深

上臂长（肩端点到肘关节）

#24 _____

腕关节

a

b

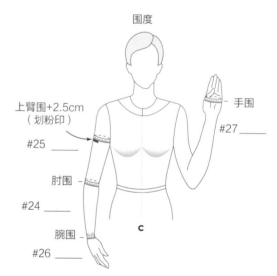

围度

上臂围+2.5cm（划粉印）

手围

#25 _____

#27 _____

肘围

#24 _____

腕围

#26 _____

c

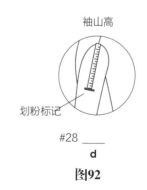

袖山高

划粉标记

#28 _____

d

图92

袖山松量

基础袖子的袖山松量大约是3.8cm。对于10号尺寸以下的，松量大约为2.5cm。袖子尺寸表为每一号型的人台提供了相应的尺寸。但不能保证所产生的袖山松量和衣身的袖窿弧长完全相符。为了帮助控制袖山松量，按照以下给出的袖窿尺寸说明进行。

袖窿弧长测量

图93和图94

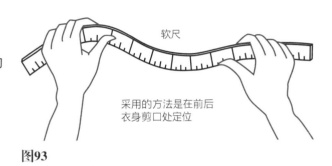

- 用一条薄的、柔软的塑料尺测量前后衣身的袖窿弧长。不要用测量皮尺。
- 在纸样上记录尺寸，对将来是个参考。
- 将前后袖窿弧长尺寸加在一起。
- 将上述尺寸分成一半，并增加0.6cm。
- 在袖子尺寸表的空白处记录袖窿弧长尺寸。

软尺

采用的方法是在前后
衣身剪口处定位

图93

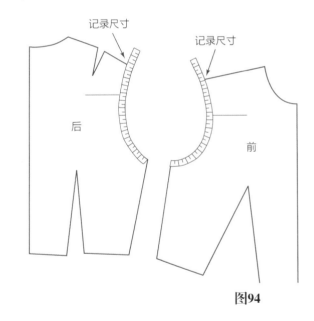

记录尺寸 记录尺寸

后 前

图94

袖子尺寸表

选择用于不同人台号型的尺寸（包括松量）：

人台号型	6	8	10	12	14	16	18
袖长（cm）	56.5	57.5	58.4	59.4	60.3	61.3	62.2
袖山高（cm）	14.3	14.6	14.9	15.2	15.5	15.8	16.2
袖窿尺寸（cm）							
上臂围（cm）	31.7	32.4	33.0	34.0	34.9	35.9	37.1

袖子纸样

袖子结构

图95

- 在纸上画一条线，标注并说明：
  - A-B=袖长。
  - A-C=袖山高，标注。
  - C-D=C-B的一半距离，标注。
  - D-D′=1.9cm，标注，并通过点 A、C、D′、B作直角线。

袖窿尺寸=_____。

- 把尺子边缘放在A点，并以此为轴，直到袖窿尺寸接触到袖宽线定点，做标记。
  - C-E=袖宽的一半，做标记。如果两个标记点不匹配，在之间调整到实际袖宽的位置，做标记定E点。
  - C-F=C-E。
- 从A到E和A到F分别画线。
  - B-O=比C-E距离少5cm。
  - B-P=B-O的距离。
- 从O到E和P到F分别画线。

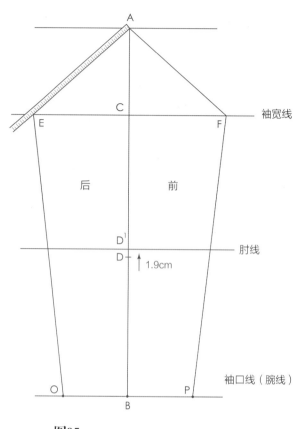

图95

前后袖片

图96

- 将后片A到E和前片A到F分别四等份，标记并说明：
  - 后：G、H、K
  - 前：L、M、N
- 从以下的点直角进（或出）的量如下，做标记并说明：
  - **后袖：**
  - G=进1cm。
  - H=出0.5cm。
  - K=出1.6cm。
  - **前袖：**
  - L=出1.9cm。
  - M=出0.5cm。
  - N=进1.3cm。

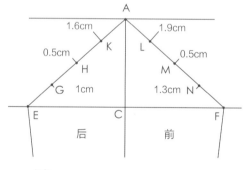

图96

前后袖山线

图97和图98

前袖山线：

- 用曲线板过A、L、M点画出袖山形状。画弧线超过M点，并和下面的线接合。
- 变化曲线板的位置，过F、N点画弧，和M点接合
- 后袖山线：
- 用曲线板过A、K、H点画出袖山形状。在H点附近画弧线，并和下面的线接合。
- 变化曲线板的位置，过E、G点画弧，和H点接合。

完成的袖片

图99

- 在肘线上标记S点，并延伸出去0.6cm定R点，连接R和E。
- **肘省：**
  - R–T=R–D的一半距离。
  - R–U=2.5cm，标注。
  - T–U=T–R，画一条线连接。
  - O–V=1.9cm，做标记。
- 连接U和V，使其等于R–O的距离。标注W。
  - W–X=O–P。
- 连接W到X画一条线，然后过点X、S、F做一条稍微带弧度的线。
- **松量控制剪口：**
  - 后：在H–G的中点向下1.3cm打两个剪口。
  - 前：在M–N的中点打一个剪口。

继续按照说明决定袖山松量。

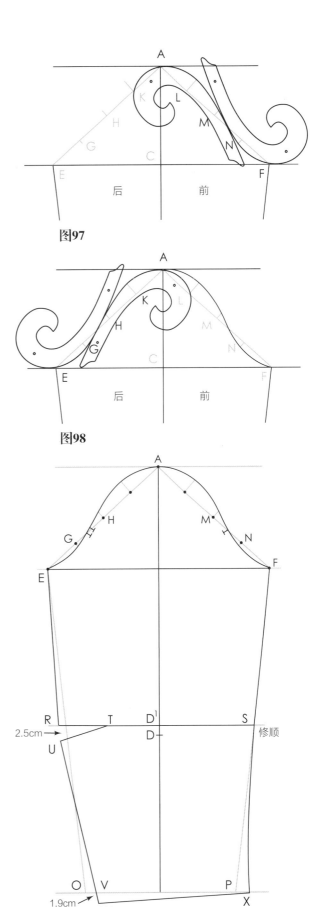

图97

图98

图99

有缝份和无缝份的袖子纸样

一个无缝份或有缝份的袖子纸样（如图所示），可以用来围绕衣身袖窿做"移动的"袖子。移动的袖子有三个目的：（1）可以和前后袖窿剪口对齐；（2）可以帮助决定袖山松量的大小；（3）可以决定如果袖山中点剪口从原始的位置发生移动，要将现有的余量等量分配到前后衣身袖窿上。

无缝份袖子纸样

图100

- 描下袖子作为无缝份袖子纸样。在增加缝份之前，无缝份纸样是非常有用的，可以作为修正纸样的基础。然而，缝份要加到白坯布里用来检验其适体性。无缝份纸样在采用平面纸样方法产生新的设计时也是非常有用的。

- 在肘省长的位置剪一个楔形形状。

- 在省尖点处钻一个空。

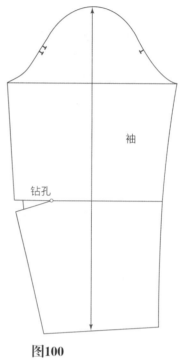

图100

有缝份袖子纸样

图101

- 描下来一个无缝份的袖子纸样的拷贝，增加以下缝份：
  - 整个袖片放1.3cm。
  - 对于下摆折边放2.5cm到3.8cm。
- 剪口：
  - 后袖打两个剪口。
  - 前袖打一个剪口。
- 袖底线缝份。
- 下摆折边。

袖中点的剪口可以移动，使得松量在前后衣身袖窿上相等。详见第87页。

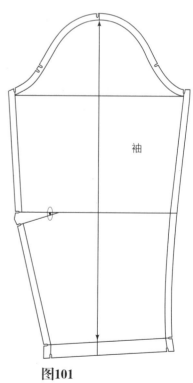

图101

袖山松量和剪口位置

基础袖子的袖宽线应该测量出来比上臂围多出大约5cm，基础袖子的袖山线应该测量出来比衣身的袖窿弧线多出平均3.2～3.8cm。将袖子放到衣身袖窿上移动可以查看袖山松量是否不足、超量，或从袖中点分配是否不均匀。在下一页里这些问题都可以按照例子所示被调整。

移动袖子

图102，图103

- 将前袖在袖宽线上的一角放置在衣身上对应的一角处。
- 用两颗图钉，交替地在每0.3cm处移动旋转，预先将袖山线沿着衣身的袖窿弧线放量，或者用软尺测量和比较袖山/袖窿弧线的尺寸。
- 标出袖子和衣身袖窿弧线的对应剪口位置。

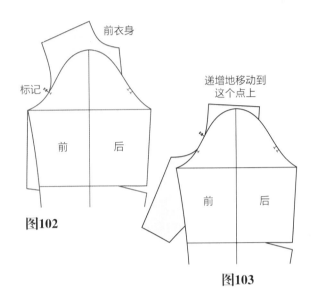

图102

图103

图104

- 当袖山线到达衣身的肩点时，在袖山线的位置做标记。
- 对后袖片重复上面的步骤。

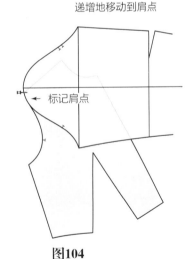

图104

袖山松量相等

图105

- 如果袖山松量在袖中点的对位剪口两侧不相等，移动袖中点使之相等。详见第89和90页三个例子的图示。

  如果袖山松量比所需要的多或少，按照第88页的建议调整袖子和袖窿。当调整完成后继续按照第89～90页进行。

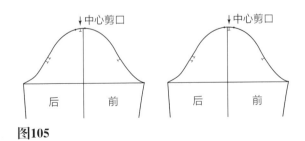

图105

增加或减少袖山松量

袖山松量对于手臂突出位置产生余量。然而，太多的袖山余量会导致起皱，不足的袖山余量会沿着袖山产生应力线。两种适体性问题都会毁了服装外观。为了帮助控制袖山松量，采用以下给出的一种或多种建议。

调节袖窿

图106

重新分配袖山松量：

· 降低衣身袖窿剪口位置0.3cm到0.6cm，这将重新分配袖窿上部和下部的袖山松量。（放大显示区域）。

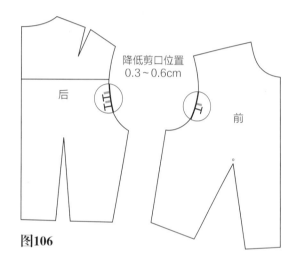

图106

调节袖山弧线以减少袖山松量

图108

· 从袖中部的丝缕线处剪开纸样，再剪向两边袖宽线，产生轴点。
· 重叠可移动的袖山松量。
· 重新描下调节的袖子和混合的袖山。袖宽尺寸保持不变。

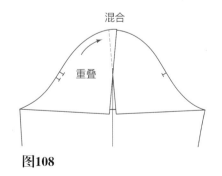

图108

图107

增大袖窿以给袖山松量更多的空间：

· 在肩端点增加0.2cm到0.3cm，和/或减少肩部/颈部和腰线在侧缝的量至零。

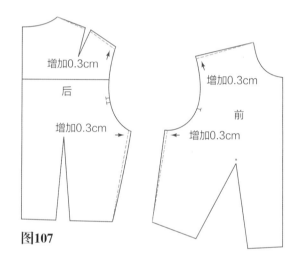

图107

调节袖山弧线以增加袖山松量

图109

· 重复图108指示的剪切方法。
· 放置在纸上拉开纸样，以增加袖山松量，封住并连接袖山。袖宽尺寸保持不变。

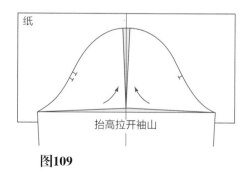

图109

把袖子放置在袖窿上——绱袖

图110

- 为了准备袖子，可以先抽皱，也可以车两条缝线——一条在缝线位置上，一条在缝线以上0.6cm处（从剪口到剪口）。
- 抽底线，直到缩褶部分和袖窿上从剪口到剪口的量相等。
- 缝合下面的线并熨平（不要蒸汽）。把袖子缝合或粗缝到袖窿上。

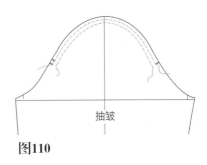

抽皱

图110

评价悬垂的袖子

图111

- 如果垂下来的袖子向侧缝前或后倒，从袖窿上取下袖子，旋转调整袖子，使袖中线和侧缝对齐，或稍微向前。在这个过程中按照以下的说明将会有帮助。

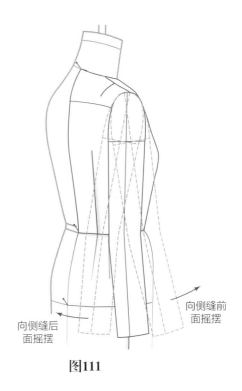

向侧缝后面摇摆

向侧缝前面摇摆

图111

旋转调整袖子

图112

　　不完美的对齐：悬垂的袖子倒向前面的量太多了。

- 从袖窿上取下袖子，向后袖窿移动袖子底缝约0.6cm，直到袖中线和衣身的侧缝或者身体的站姿对齐，或稍微向前。
- 在袖窿上用针固定或粗缝袖子重新做评价。
- 在前后袖窿的袖山缩量的中部位置打剪口做标记。

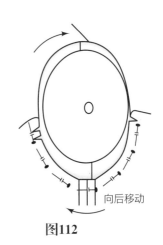

向后移动

图112

向前倒的纸样修正

图113

- 修顺前后衣身的侧缝和/或肩线到颈线和腰线部位。

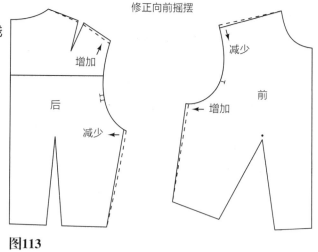

修正向前摇摆

图113

图114

不完美的对齐：悬垂的袖子向后倒。

- 从袖窿上取下袖子，向前袖窿移动袖子底缝约0.6cm，直到袖中线和衣身的侧缝或者身体的站姿对齐，或稍微向前（详见第89页，图111）。
- 在袖窿上用针固定或粗缝袖子重新做评价。
- 在前后袖窿的袖山缩量的中部位置打剪口做标记。

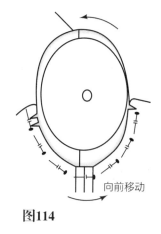

图114

向后倒的纸样修正

图115

修顺前后衣身纸样的侧缝和/或肩线。

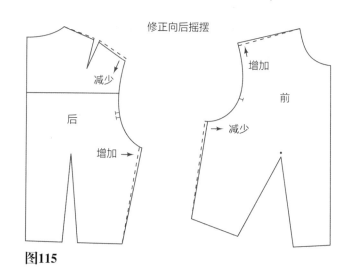

修正向后摇摆

图115

纸样信息和缝份

按照以下建议的说明进行缝份的设置，对所有纸样作为指导，详见图116。

缝份

每一个公司所设置的缝份都有变化。以下的尺寸可作为一个基本的指导：

增加0.6cm缝份的地方：

- 所有的面上区域
- 很窄的间距
- 极端的弧线
- 无袖子的袖窿

增加1.3cm缝份的地方：

- 有袖子的袖窿
- 腰线
- 中线（变化的）
- 造型线
- 侧缝可以从1.3cm到0.6cm变化
- 有拉链的缝线可以从1.3cm到2.5cm变化

锁边的缝线：

- 1cm缝份

完成纸样的信息

图116

当裁片转移到纸上时，增加制板符号和特殊的标记很重要，这可以保证生产所希望的服装时流程顺利。如果和特殊的公司的信息不同，则遵从公司的标准。

丝缕线

在纸样的长度方向要画出丝缕线。完成的丝缕线在两端有箭头（表示所选择的布没有毛向），或者只在一端有箭头。后者表示对那些有毛向的面料，在纸样的直丝缕上毛向向上，比如天鹅绒、灯芯绒或者有光泽的面料，这样在服装部分的阴影就可以被避免了。

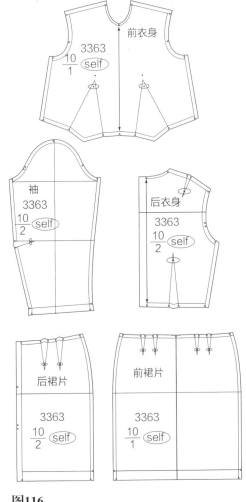

图116

纸样尺寸

样板尺寸被标记在所有纸样裁片上。当纸样进行推板时，样板尺寸就作为推板的基础。每一个推板的纸样都要按照适当的尺寸做标记。

款式编码

每一个款式都要被编一个数字，例如#3363可能被分别表示一个款式（第33号）和一种面料（第63号面料）。每个公司决定编码的意义。

识别纸样部分

每一片纸样都是整体的一部分，都要被标识出来。比如袖片，前衣身，后衣身，裙片，口袋也要被标记出来。

纸样裁片上的数字

在每一片具体的纸样上都要标出完成所设计的服装需要的纸样裁片的数字。

标记

"裁剪"符号是用画在尺寸和裁片数之间的水平线来表示的。"裁剪"这个字也可以写出来而不必画线。裁片数后面跟着一个词"同一的"（圈住的）。

这些信息可以写在纸样裁片的中心，也可以写在丝缕线上。对同一面料用黑色记号笔标出纸样信息。红色的、蓝色的、绿色的记号笔常常用来标记衬里、内部结构等面料的纸样。

可装卸的手臂

可装卸的手臂可以从人台生产公司定制，也可以用基础袖子画出来作为基础使用。图示是两种类型的可装卸的手臂：**放松型可装卸的手臂**，用填充物塞满的手臂，和**直接做成的可装卸手臂**。在直接做成的手臂的目录中，图示了两个版本：一种是一开始就直接做成的手臂，一种是用Pellon® Peltex黏合性的稳定装置改造而成的手臂。这两类手臂都具有同样的目的：即作为连袖和插肩袖立体裁剪的有用的工具。详见10号尺寸的例子。

放松型可装卸的手臂

图117

将无缝份基础袖子（缝份以后再加）纸样拓下来，按照下面的说明进行修正：

袖底缝

· 在袖宽点X^1处从袖底线位置向里进1.3cm做标记，并画一条与袖底线平行的线至腕线Y点。
· 继续在腕线上从Y点至Z点量取22.9cm。
· 连接Z和X^2点（a）。

袖宽

· 分别从袖宽点X^1和X^2点向上抬高2.5cm。
· 重新画顺袖山线（a）。

缝份

· 沿着袖山2增加1.3cm。
· 在丝缕线处标记袖中点（b）。

调整

· 袖窿垫肩在缝合线处至少要量取比袖山弧线少1.3cm，增加或减少缝合线长度以达到适体。

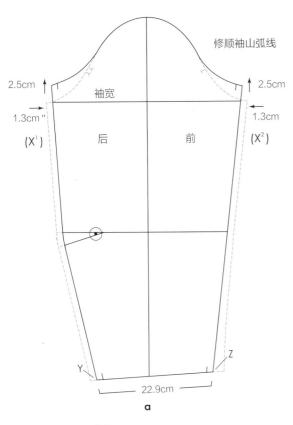

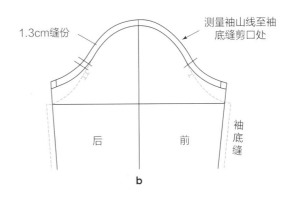

图117

腕部衬垫（包括缝份）

图118

- 剪10.2cm×10.2cm的纸。
- 从中间折纸，再从中间折叠。折叠的角定为A点。
- 从A点做一半径为4.4cm的圆。
- 从纸上剪下来，并且拓在面料上剪下来。
- 给剪下来的衬垫修边，并且用马尼拉厚纸或黏合性的Pellon® Peltex稳定住。
- 在面料衬垫上的中间位置增加一层，并缝出十字针迹（见图121）。应用于所有的尺寸。

袖窿衬垫（包括缝份）

图119

- 剪21cm×18.4cm的纸。
- 从中间折纸，再从中间折叠。折叠的角定为A点。
- 从A点量取给定尺寸做标记，并且从标记点分别做垂线。

- 在两条垂线的交点处，画一条线和A连接，并向下取1.6cm定点。
- 过几个标记点做圆弧线。
- 从纸上剪下来，并且拓在面料上剪下来。
- 给剪下来的衬垫修边，并且用马尼拉厚纸或黏合性的Peltex稳定住。
- 在面料衬垫上的中间位置增加一层，并缝出十字针迹（见图121）。
- 在显示的地方标记Z。

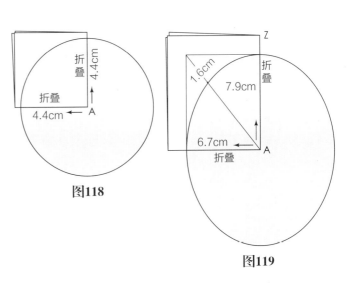

图118

图119

肩部支撑（包括缝份）

图120

- 剪20.3cm×27.9cm的纸。从中间折叠。
- A-B=12.7cm，在折叠线上标出。
- B-C=11.2cm，从B做一垂线到C。
- 连接A与C，中部垂直向上1.6cm定点。
- 从A到C画一条圆顺的弧线。
- 从B向上1.6cm定点，与C圆顺连接。
- 从纸上剪下来，并且剪下来两片连在一起的面料，或在连接线上用黏合性的Peltex黏合住并锁边在一起。

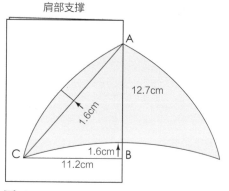

图120

完成袖子

图121

- 在袖山线上车一条缩缝线。
- 用缝纫机从上往下缝合袖底缝，在距离袖底缝端点处留一定的空间，以便装填充物。将缝份用熨斗熨开。
- 把腕部衬垫塞到里面，别住，然后把腕部衬垫边缘缝合住。
- 检查适体性：按照分配的松量将袖窿衬垫别在正面，如果松量太多，在丝缕线的位置缝一些小的省道。
- 去掉针，刚好使肩部支撑能够塞到袖窿衬垫里面，然后在正面缝合所有的缝线。
- 在打开的地方填塞填充物，并在整个袖子平顺地分配填充物，然后手缝住开口处。在肘部不要太硬，应该有一个弯度。

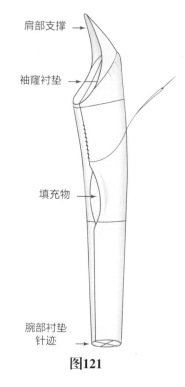

图121

直接做成的可装卸的手臂

图122

对于连袖和其它延展的袖子的立体裁剪设计，一支直接做成的可装卸的手臂是一件非常优秀的工具。以下给出两种版本：

1. 用厚重的马尼拉纸（标签板纸）做成的最初的版本。
2. 用70号Peltex（来源于Pellon®）做成的变化版本。

选择您的爱好，按照以下的指示进行。

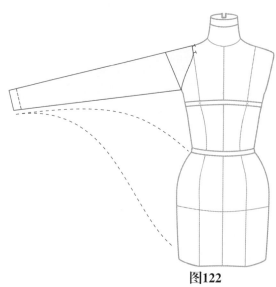

图122

建议需要的材料

1. 最初的版本：

- 90cm的厚重的马尼拉纸（标签板纸）
- Scotch方形贴（重型的）
- 大头针或珠针

2. 变化版本：

- 90cm70号Peltex（来源于Pellon®）
- 90cm魔术贴
- 细线记号笔
- 大头针（6）

可装卸的袖子的制图

图123

- 用厚重的马尼拉纸或70号Peltex裁剪一个宽50.8cm，长86.5cm的矩形。
- 从矩形中部画一条线。
- 从顶部向下15.2cm画一条水平线。
- 在中线的两边A–B=2.5cm。
- 沿着中线向下定点C=8.9cm，然后向中线两边做垂线，使得C到D和C到E的距离为20.3cm。
- 如图所示，分别从B到D和A到E做稍微带点弧度的弧线。
- 从纸的底部向上7.6cm标记并做垂线。
- 从中线向两边分别量取10.2cm定F点和G点。
- 连接D到F和E到G。
- 折叠A–B线和F–G线。
- 确保能够裁剪出直接式的袖子。

对于最初的直接式的袖子，按照下一页的指示进行。详见第97页Peltex版本。

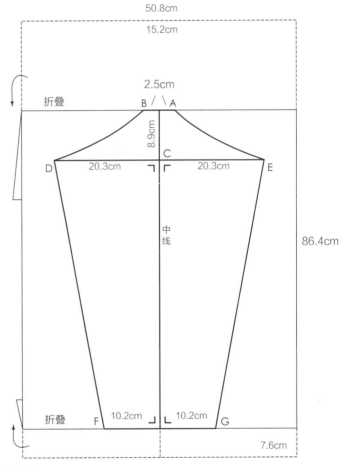

图123

完成最初的直手臂

图124和图125

- 如图所示钉住袖子折叠的部分（a）。
- 为了挂在钩子上，在折边处钻一个孔。

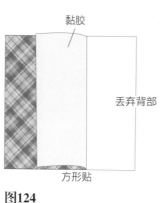

图124

应用方形贴

- 不要移动有格子图案的封面，只是把背部撕开显示有黏胶的一面。
- 把黏胶的一面卷起一半，放到袖子纸样上设计的位置。

袖子顶部

- 在袖子顶部三个位置上都需要两个方形贴固定（b）。
- 在袖子一边上放置并压方形贴长度的一半，再在另外一边同样的位置处重复这个过程，然后将两个黏胶面黏合在一起。
- 在如图125c所示的更多的位置处放置方形贴。
- 延长的方形贴会给别针以支持，这些别针是将袖子别到人台的袖窿/肩部时所需要的。

  建议： 为了进出容易用一个锥子钻孔。

连接袖底缝

- 在袖底缝一边上放粘胶面的一半距离，另外一半距离先延伸着。
- 在四个位置重复这个过程。
- 将袖底缝两边放到一起（不要折叠），将要连接的边按平黏胶面（c）。
- 到第97页看如何将直接式手臂放置到人台的袖窿/肩部。

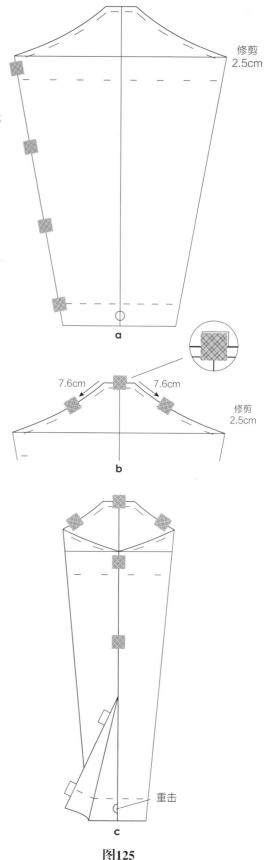

图125

对变化版本
（Peltex）的完成

图126

- 在折叠的弧线边缘车0.6cm的缝线。
- 在腕线折叠线上，和袖宽线以下2.5cm的线上分别缉缝（a）。
- 在袖中线上缉一条红色的缝线做指导线。
- 在后袖底缝线上缝合魔术贴的一边。
- 翻转袖子，在后袖底缝线上缝合魔术贴的另一边（a）。
- 用后缝盖住前缝关闭重叠魔术贴（b）。

建议： 对T型别针用一个锥子钻孔。

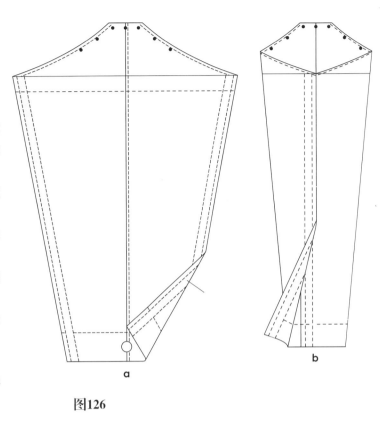

图126

调整直手臂

注意：本说明用于两个版本

图127

- 把手臂放到人台上，调整所需要的角度（a）。
- 对于Peltex版本用T型别针保证袖子在肩部和袖窿中部的边缘（b）。对于最初的版本可以用T型别针，也可以用球形针（b和c）。T型别针和球形别针的长度一样，所以要以一个角度扎透到人台表面。
- 为了保存，使之放平，或者在腕线位置钻孔，挂在纸样钩子上。

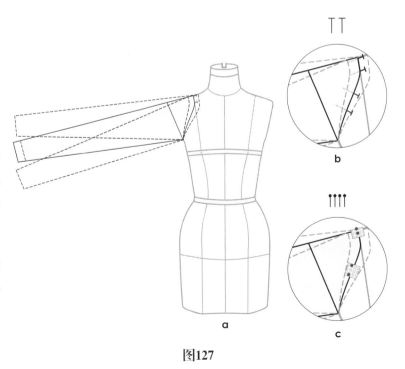

图127

操作省道余量
增加宽松量

第6章

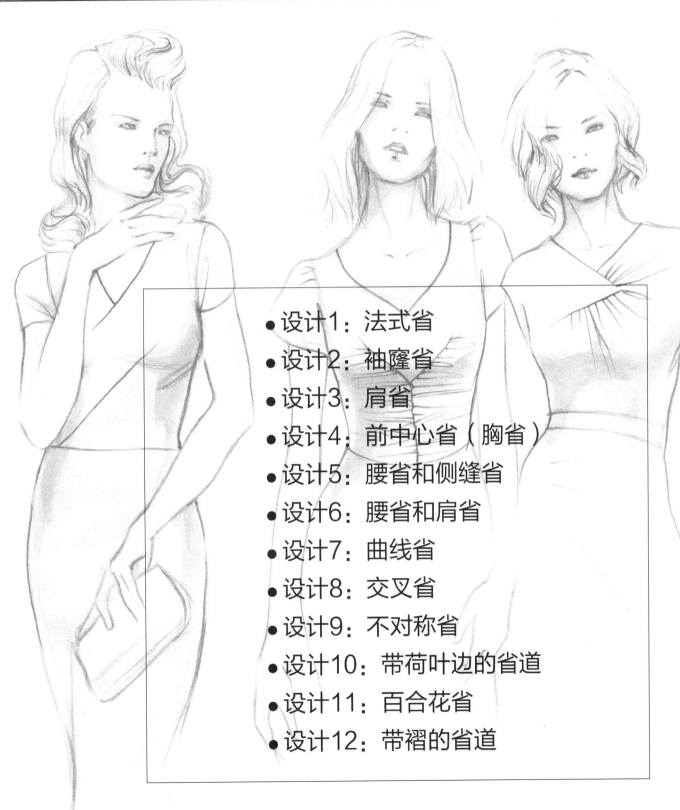

前一章的学习让设计师更有信心去学习用立体裁剪技术处理省道余量，以及发挥创意将省道安排到设计好的位置。

省道是设计中不可缺少的一部分，也是使服装合体的方法。它在设计中总是以不同的形式出现，省道的变化应用可以是设计的入口，可以是造型创意的灵感，也可以是立体裁剪操作方法的启示录。

理解立体裁剪技术还能让设计师为服装设计放松量。放松量设计是非常重要的技巧，尤其当省道余量不足以达到设计效果时。

省量变化：省道余量的创新应用

基础省道具有创新意义，能变化出褶皱、曲线省道、不对称省道或是交叉省道，这里只列举一二。当省道余量被创新应用时就称之为省道变化。以下列出了省道余量的一些创新应用：

- 褶
- 塔克
- 裥
- 多省道
- 经典省道
- 经过BP点的分割线
- 喇叭
- 荡褶

省道余量的创新应用并不会减损它的合体功能。

立体裁剪准备

设计分析是立体裁剪过程中必须要有的环节。列出操作顺序将增添设计师的自信心，这也是立体裁剪的重要过程之一。在开始裁剪之前，制板师（设计师）必须辨别设计作品当中的创新元素，并且找出相应的立体裁剪方法。关于如何编制计划，详见第19页。

下图中的条纹表示布料直丝缕，并表现出当省道变化位置时直丝缕的方向变化。准备白坯布时试着画出直丝缕线，或者直接购买条纹棉布。

做省道的基本准备

- 为后面的项目准备五块白坯布。
- 为完成设计项目，用立裁方法做出或者拷贝出衣身后片。
- 参考第91页完成纸样的方法。

用真人模特立裁

立体裁剪开始前，你和模特都要准备好。准备方法参见第33页。准备好之后，按照下图所示的步骤进行立体裁剪。

设计1：法式省

设计分析

省道在哪里？

图1

观察省道线，它从胸部开始，在腰节往上 10.2cm 的侧缝处结束。用别针在侧缝处做标记，作为立裁辅助线。

图1

立体裁剪步骤

图2

白坯布准备，参见第58页。

· 将白坯布上的点对准人台前颈点上的点，用别针固定。沿着前中心把白坯布固定，在胸高点中间和腰节中心用针固定。把胸高点处的白坯布抚顺，并用交叉针法固定。

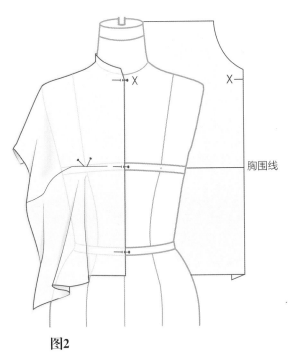

胸围线

图2

图3

- 沿着领口抚顺布料，打剪口，在颈侧点用针固定。继续抚平肩线，在肩端点用针固定，并在肩颈点附近剪开2.5cm，使布料不紧绷。将布料抚平，并在袖窿中部用针固定。

图4

- 抚平腰部的布料，打剪口。用针固定0.3cm的放松量（折叠）。固定侧腰。抚平侧缝上端的白坯布直到省道的位置，并做标记。

图5

- 在袖窿中点用针做标记，折叠0.3cm的放松量。将侧缝处的布料抚平，在侧缝外用针固定。
- 画出袖窿底部的曲线。标出袖窿深，并在侧缝处让出1.3cm的放松量，做标记。
- 用铅笔擦印画出侧缝，一直到省道位置，这将是做省道的参考。

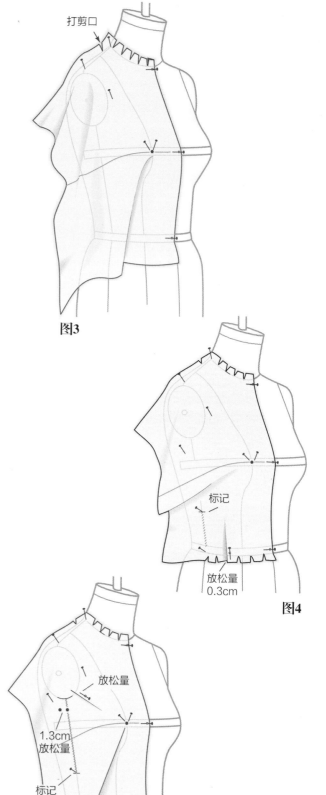

图3

图4

图5

图6

- 折叠多余的省道量，倒向腰部，用针固定。
- 标记：领子中点、肩颈点、肩端点、袖窿中点、袖窿深、放松量以及腰节底端。移除放松量上的针。

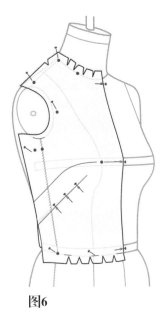

图6

图7

- 将布料从人台上取下。省道仍然用针固定住，画出侧缝，描摹出省道上的侧缝线（如果要描摹到纸上，记得折叠省道，重新画出侧缝线）。参考第91页完成纸样。
- 移除省道上的针，熨烫。检查服装的合体度。

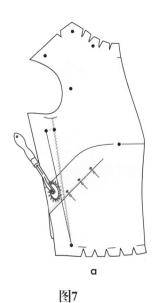

a

省尖　胸高点

1.3cm　折叠

b

图7

设计2：袖窿省

图1

设计分析

省道在哪里?

图1

- 观察省道线，它在胸部到袖窿中点的位置。
- 在袖窿上用别针别好，做标记。

立体裁剪步骤

图2

白坯布准备，见第58页。

- 将白坯布上的X点对准人台前颈点上的X点，用针固定。沿着前中心把白坯布固定，在胸高点中间和腰节中心用针固定。把胸高点处的白坯布抚顺，并用交叉针法固定。
- 用立裁的方法做好领围线和肩线，直到袖窿中点。修剪袖窿中点的缝份。按图示打剪口，用针固定。

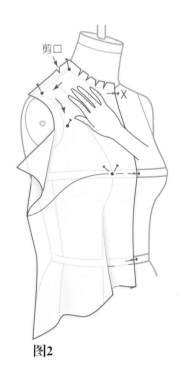

图2

图3

- 裁剪腰节线，用针固定0.3cm的放松量。固定腰节，打剪口。此时，横丝缕往上倾斜。抚平从侧缝到袖窿中点的布料。
- 在袖窿中点折叠省道余量。省道余量倒向腰节。按图用针固定。

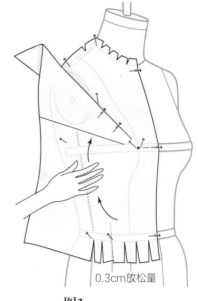

0.3cm放松量

图3

图4

- 标记领围中点、肩颈点、肩点、袖窿中点、袖窿板曲线以及袖窿深。
- 增加1.3cm侧边放松量，用铅笔擦印画出侧缝，标记腰节底端。
- 沿着袖窿修剪布料，留出1.3cm余量，修剪领围，留0.6cm余量。

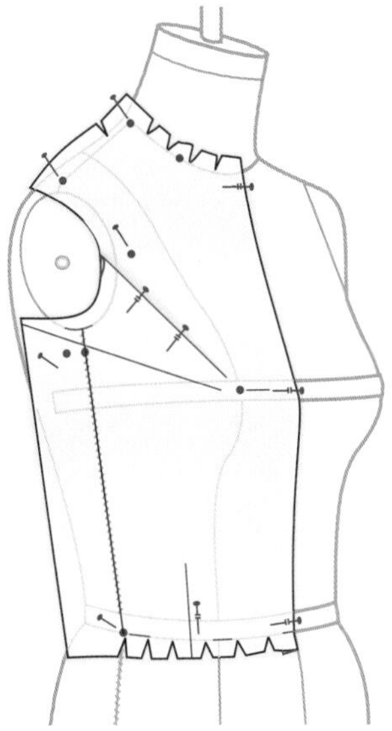

图4

图5

- 保留别合的省道，将衣片从人台上取下来。减少省道量，将其中的0.6cm作为袖窿中点的放松量。用曲线板画出袖窿弧线。移除针，调整缝线并用针或滚轮把缝线转移到纸上。参考第91页完成纸样。
- 检查服装的合体度。

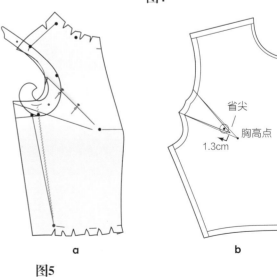

省尖

胸高点

1.3cm

a

b

图5

设计3：肩省

图1

设计分析

省道在哪里？

图1

观察省道线，它从肩线中点（公主线起点）指向胸高点。

立体裁剪步骤

图2

白坯布准备参考第58页。

- 将白坯布上的X点对准人台前颈点上的X点，用针固定。沿着前中心把白坯布固定，在胸高点中间和腰节中心用针固定。裁剪领围线，一直到肩线中点（公主线起点）。做标记，打剪口，用针固定，如图所示。

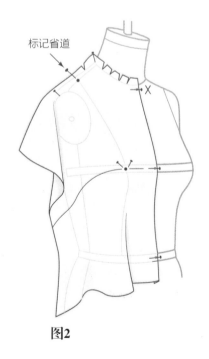

标记省道

图2

图3

- 沿腰节打剪口，抚平布料，用针固定0.3cm的放松量（折叠）。固定腰节侧面。
- 沿侧缝往上抚平布料，到袖窿底盘为止，用针固定。移除肩点的针，在袖窿中点下端别出0.3cm的放松量（折叠）。抚平袖窿脊到肩线中点的布料。用点标记出肩线中点和肩点，并用针固定。

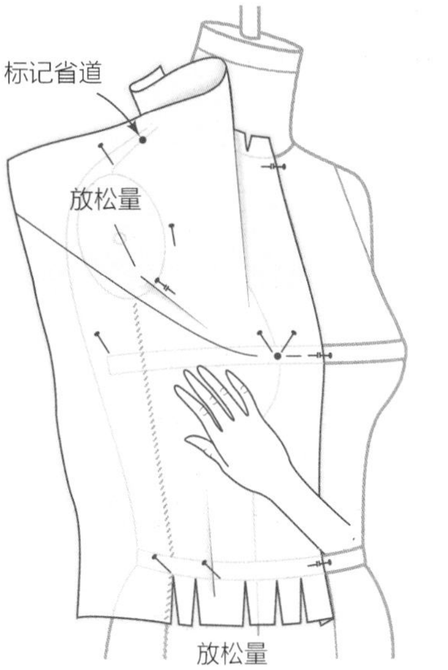

图4

- 沿袖窿线向外1.3cm修剪多余布料。折叠肩线中点处的省道，省道余量倒向前中心。
- 沿领围线向外0.6cm修剪多余布料，修剪肩线、腰线和侧缝时要各向外1.3cm。
- 标记领围中点、肩颈点、肩点、袖窿中点、袖窿板弧线和袖窿深。
- 在侧缝处增加1.3cm的放松量，用铅笔点出侧缝，标记腰节底部。

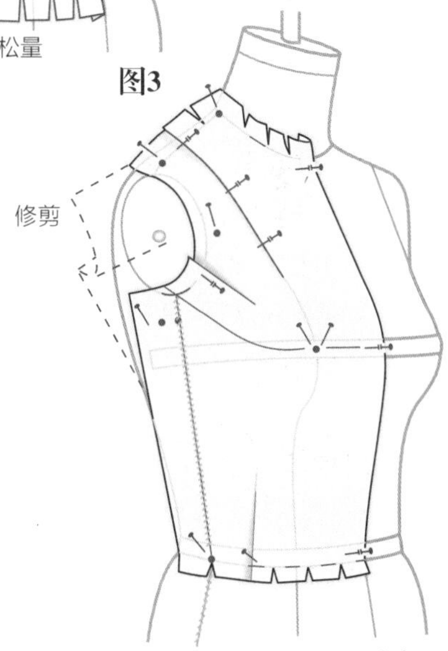

图5

- 用点标记所有的定位点。将衣片从人台上取下，省道仍然别合，画出肩线和侧缝。移除针，熨烫，用针标记或者拷贝到纸上。参考第91页完成纸样。
- 检查服装的合体度。

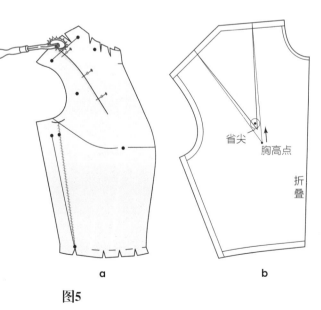

标记省道

放松量

图3

修剪

图4

省尖

胸高点

折叠

a

b

图5

设计4：前中心省（胸省）

设计分析

图1和2

这两款设计都有前中心省道，但有什么不同的地方吗？它们的立体裁剪方法一样吗？哪一款的省道转移度大？下文的立体裁剪步骤究竟讲的是哪一款？

带着这些问题完成立体裁剪，并找出答案。练习相似的款式。

准备坯布

参考58页准备白坯布。在前中心增加1.9cm的量，不要修剪领围。准备好的布料要用作下面的立体裁剪。

立体裁剪步骤

图3

- 在胸围横丝缕参考线以下5.1cm的位置打剪口，沿前中心折叠。按图示方法将布料固定到人台上。

图4

- 按箭头指引的方向，把余量从腰节推到前中心胸部位置。
- 在腰节和袖窿中点下端各折叠0.3cm的放松量（折叠）。按图示打剪口，用针固定。修剪袖窿、肩线和领围，各留1.3cm余量。

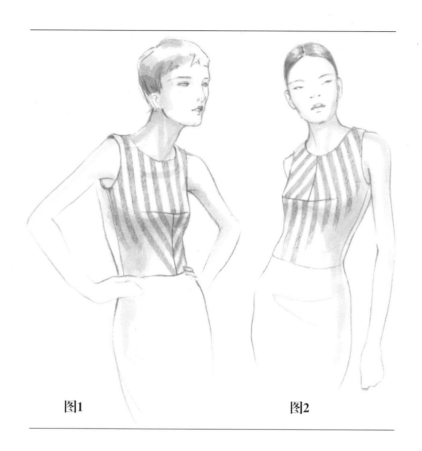

图1　　　　图2

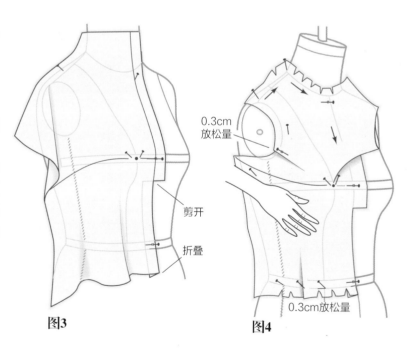

剪开

折叠

0.3cm
放松量

0.3cm放松量

图3　　　　图4

图5

- 折叠胸省参考线处的省道余量，折叠量倒向腰节，用针固定。修剪前中心多余的布料。
- 完成立体裁剪，检查标记点。

图6

- 用点标记以下部位：领围中点、肩颈点、肩点、袖窿中点、侧缝、袖窿板弧线、袖窿深以及1.3cm的松量。标记腰节底部。
- 将衣片从人台上取下。连接关键点，画出新的前中心线。从腰节和袖窿处移除别合松量的针。将衣片拷贝到纸上，检查服装的合体度。

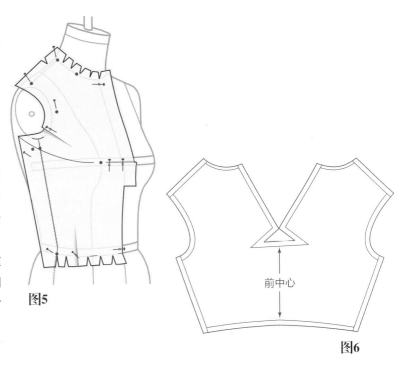

图5

图6

前中心

完成的纸样应该是图中的样子。

纸样对应图2的款式。那么，这两款设计到底有什么不同呢？试着用立体裁剪做出图1的款式，画出纸样，用标注了纱向的面料裁剪下来。完成后，比较这两个纸样的形状，观察它们在面料上的形态，纱向的位置是不是有所不同呢？

练习项目

- 分析下图的各款设计，在横线上填写出省道的位置。准备好白坯布。
- 用立体裁剪的方法制作各款设计，并转化成纸样。立体裁剪出后片，或者拷贝基础后片，完成整个衣身设计。

图7

    省道位置_____

图8

    省道位置_____

图9

    省道位置_____

图7　　　　图8　　　　图9

分散省道余量

如何分散省道余量

基础省道中的余量往往分散成两个，这比用一个省道消化余量更好，不仅能在胸围出获得更大余量，还能增加服装的合体度。有两种比较流行的衣身**原型**一种是将省道余量安排在腰带和侧面，另一种是将余量安排在腰带和肩部处。这两种省道安排是许多设计变化的基础。为了分散腰部的省道余量，经过胸高点的横丝缕参考线会在侧面上移，但是乳间距的纱向保持水平。在这种情况下，省道余量被分散了，并且横丝缕与地面平行。抬高或降低侧缝处的横丝缕参考线便能增加或减少省道余量的分配。

设计5：腰省与侧缝省

设计分析

省道余量在哪里？

图1

有两条线指向胸部，一条从腰节过来（最原始的省道位置），另一条在侧面横丝缕线上。

图1

准备坯布

图2

- 胸高位参考尺寸表的#6。根据图示准备好前片坯布。参考58页准备好后片坯布，或者拷贝现有的样板。后片的立体裁剪说明在63页和64页。

- 保存样板，留着以后用。

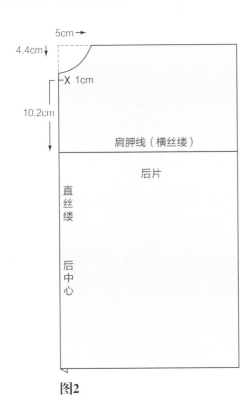

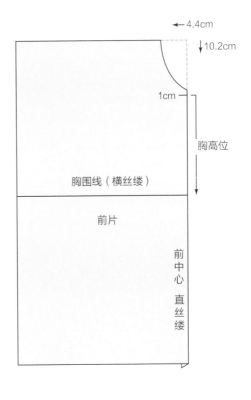

图2

立体裁剪步骤

图3

- 将白坯布对准人台前中心，用针固定前领窝、乳间距和前腰节中点。

- 抚平胸点的白坯布，用交叉针法固定。

- 抚平领围线附近的白坯布，打剪口。在肩颈点用针固定。

- 抚平肩部的白坯布，并打剪口使布料不紧绷。在肩点用针固定。

- 抚平袖窿脊到袖窿中点的白坯布并用针固定。继续抚平布料。

- 抚平侧缝外侧的布料，用针固定。

- 修剪袖窿和肩线多余的布料，各留出2cm的余量。

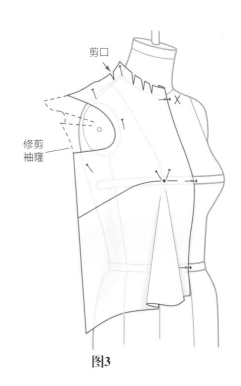

图3

图4

- 移除侧缝处的针，并在袖窿脊下端别出0.3cm的松量（折叠），让松量指向胸高点。
- 在侧缝处用针固定。

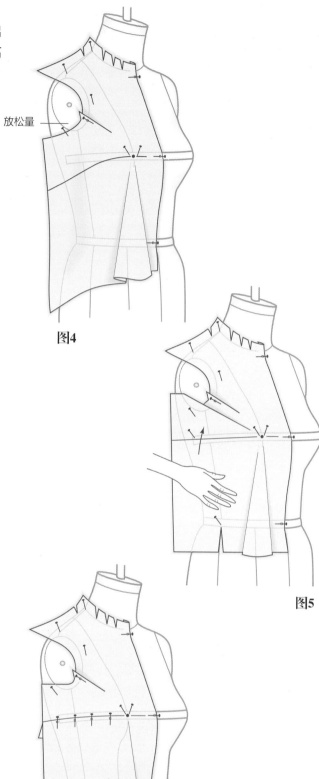

图4

图5

- 提高侧缝处的横丝缕参考线，让它与胸围线平齐，用针固定。
- 从参考线往下到侧腰部抚平白坯布，打剪口并用针固定。

图5

图6

- 按照横丝缕参考线折叠并固定侧边省道余量，让折叠量倒向腰节线，省尖在距离胸高点2.5~3.2cm处。
- 抚平侧腰处的白坯布，打剪口。别合0.3cm（折叠）的放松量，在公主线上标记省道位置。

放松量 标记省道

图6

图7

- 从前中心开始，往公主线方向抚平布料，打剪口。标记省道位置。

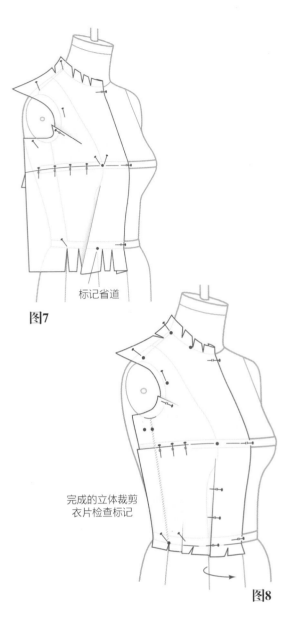

图7

标记省道

图8

- 在公主线上折叠并固定腰省，省道倒向前中心，省尖距胸高点2.5cm（钻孔/距省尖1.3cm画圆）。
- 用铅笔擦印画出侧缝线，标记袖窿板曲线、袖窿深和侧缝外1.3cm的放松量。
- 标记以下部位：领围中点、肩颈点、肩点、袖窿中点和腰节底端。
- 修剪侧缝，留2.5cm的余量。修剪腰节，留1.3cm的余量。

完成的立体裁剪
衣片检查标记

图8

图9

移除衣片，但不要把针从省道上去掉（a），先画好侧缝线和腰节线之后再去除。移除腰节和侧缝的针，无蒸汽压烫（b）。制作纸样（c）。按照说明来做，重新检查折叠的省道。参考第91页完成纸样。检查服装的合体度。

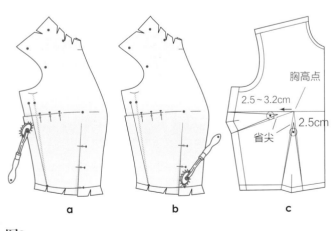

a   b   c

胸高点
2.5~3.2cm
2.5cm
省尖

图9

设计6：腰省和肩省

设计分析

省道余量在哪里？

图1

观察从肩线中点延伸出来的线条，它沿着公主线指向胸高点。同时观察腰节上的线条。为了有完整的效果，还要用立体裁剪方法制作基础后片，方法参考第63页和64页，或者直接用后片纸样。

准备白坯布

参考第58页准备好白坯布。胸围线深，参考尺寸表中的#6。

图1

立体裁剪步骤

图2

· 将白坯布上的X点对准人台前颈点上的x点，用针固定胸高点中间和腰节中心。

· 抚平胸高点处的白坯布，并用交叉针法固定。

· 抚平领围线处的白坯布，打剪口。沿肩线抚平布料并固定。在距肩颈点2.5c打剪

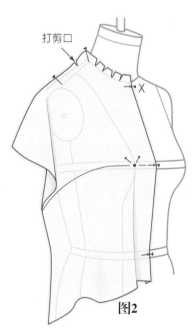

打剪口

X

图2

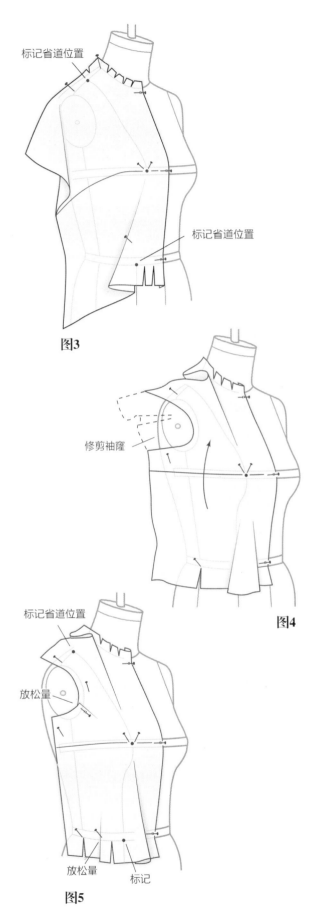

图3

- 抚平腰节上从前中心到公主线的布料，打剪口。在腰节线上公主线位置和省道线上公主线位置标记省道位置。

标记省道位置

标记省道位置

图3

图4

- 抬高横丝缕参考线，使之在侧缝处与胸围线平齐，用针固定。
- 往下抚平白坯布至侧腰，做标记，打剪口，用针固定。
- 沿着袖窿脊往上抚平白坯布直到肩端点，用针固定。
- 修剪袖窿，留1.9cm的余量（图示的虚线部位）。

修剪袖窿

图4

图5

- 抚平从侧腰到公主线的布料，打剪口。按图示的位置别出0.3cm的放松量（折叠）。在腰节线上公主线位置标记省道位置。
- 移除肩端点的针。在袖窿中点的标记固定0.3cm的放松量（折叠）。省肩指向胸高点。
- 从胸部往上到肩线抚平布料，在袖窿脊上留出余量。重新固定肩点，在肩部的公主线上标记省道位置，用针固定。

标记省道位置

放松量

放松量   标记

图5

图6

- 折叠省道，省道倒向前中心，用针固定。
- 用铅笔擦印画出侧缝，标记出袖窿板弧线、肩颈点、肩点和腰节底端。

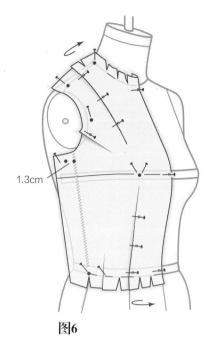

图6

图7

- 从人台上移除衣片（a）。不要把针从省道上去掉，画好侧缝线和腰节线之后再去除（b）。移除省道上的针，无蒸汽压烫。连接省道尖点和开口，放到纸上进行拷贝（c）。参考第91页完成纸样。
- 检查服装的合体度。

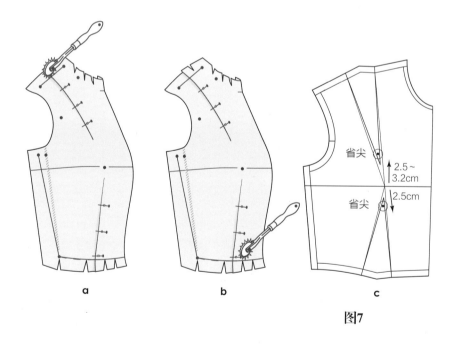

a   b   c

图7

省道变化：缩褶、褶裥和塔克褶

　　省道变化是省道余量的创新应用，但省道使服装合体的原始功能没有改变。最常见的省道变化是缩褶、褶裥、塔克褶、喇叭形和荡褶。省道总是指向人体凸起的部位。省道的应用会让设计更加完美。为了激发设计师的创作灵感，本章也描述了省道的创新应用。

缩褶

图1

　　按下面的要求准备制作缩褶的衣片（缩褶分布在肩部和腰部）：

- 先把余量用针别合，做成省道的样子。
- 在肩部和腰部的省道两边各标记出1.9~2.5cm的量，以便用来做缩褶。

图2

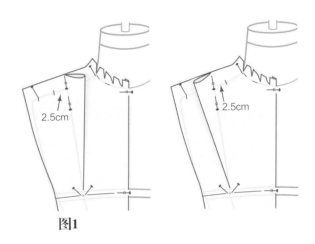

图1

- 移除针，将余量分配在设计好的部位。用针、标示带或者松紧带固定缩褶。
- 用铅笔在缩褶部位画线，当做修顺线条的参照。前后片的缝接部位一定都要做好标记，不让缩褶错位。服装上所有部位的缩褶都能采用这种方法。

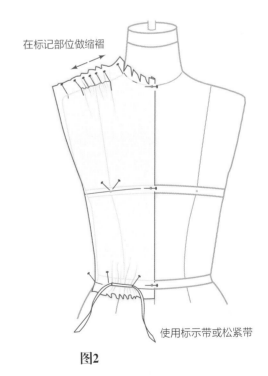

在标记部位做缩褶

使用标示带或松紧带

图2

校准并标注纸样

图3

- 缩褶区域的参考线起伏不平。
- 将做了标记的地方画成圆顺的线条，打了对位剪口的地方也连圆顺，如图中放大的部分。

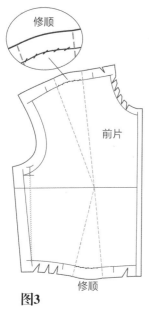

图3

完成纸样

图4

- 修顺肩缝线和腰节线上的缩褶（a）。
- 在前后片的肩线上都打上对位剪口，控制缩褶量（b）。

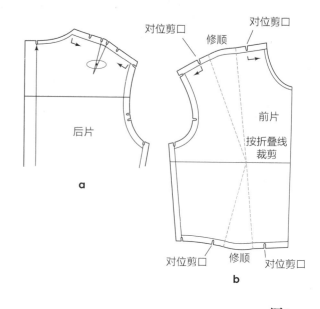

图4

褶裥

图5

- 在缝份线上的褶裥止口处打对位剪口。
- 重合褶裥两侧的对位剪口，折叠面料。只需在前后片连接的缝线处进行缝合。（其它褶裥形式参考第八章）

塔克褶（半褶）

图6

- 在褶裥两边打对位剪口。画出褶裥并折叠。
- 按照褶裥的倾斜角度，在缝纫止点做记号。在褶裥两边往下0.3cm处打孔，褶裥中线0.3cm处打孔，孔距离成型缝迹上端1.3cm。

褶裥未缝合的部位让服装有了放松量，同时保留了褶裥的外观。

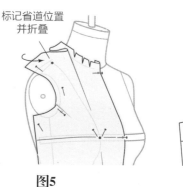

图5

图6

设计7：曲线省

　　基础省道线是直线，创新省道线可以是任何造型，并且根据设计，可以延伸到人台轮廓线以外。省可以相互交叉或穿过服装的中心线，省的一边可以根据另一边进行修正。法式曲线省是造型省道的一个例子，也是其它变化省道的基础。这样的省道边外侧都要修剪并留1.3cm的缝份量。前片进行了图示说明，后片可以通过立裁获得，或者拷贝纸样来完成设计。最后给这个设计做一条相适应的裙子搭配。

　　要点提示：无袖的服装不需要在前袖窿弧线留出0.3cm的放松量，只需要在后侧缝留1.3cm的放松量。

设计分析

图1和图2

　　法式曲线省道起点在侧腰往上7.6cm处，止于胸高点附近。凹领的领围线在前领窝以下7.6cm（后颈点5.1cm），领宽量到肩部的公主线上。这款服装可以有袖子也可以没有。

　　请考虑下面的问题，这款设计是从哪个基础省道演变过来的？图2中的缩褶是从哪里来的？

图1　　　　　　　　　　　　　　　　　　　图2

准备人台和坯布

图3

- 准备好人台，用针做出法式省道的曲线标记以及领围线。
- 用针标记人台后背的款式线。
- 准备坯布参考58页。

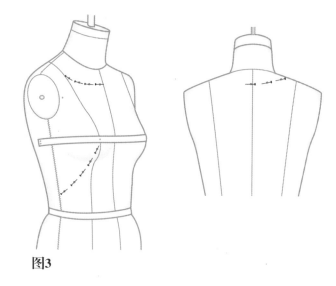

图3

立体裁剪步骤

图4

- 将坯布的折叠处对准人台的前中心线。用针固定。
- 沿着凹领线抚平布料，不平处打剪口，用铅笔擦印标记，用针固定。
- 抚平腰节，打剪口，做标记，并别合0.3cm（折叠）的放松量。标记侧腰并固定。
- 沿着侧缝往上抚平布料，越过法式省所在部位。将余量推开，用针标记省道边线。
- 沿着人台上的省道边线用铅笔擦印标记，修剪边线，留1.3cm的缝份量。在省道边线外侧打剪口。
- 抚平布料，固定并标记肩点、袖窿中点和袖窿板弧线、侧缝。

制作袖窿深

图5

- 标记袖窿深，留1.3cm侧缝放松量并标记。
- 修剪领口，留0.6cm缝份，修剪袖窿，留1.3cm缝份，修剪侧缝，距侧缝放松量标记点2.5cm。
- 掀起省道边线，在旁边固定。
- 当省道余量设置在法式省位置时，横丝缕下落。
- 沿着人台上的省道边线用铅笔擦印标记。
- 修剪省道余量，留1.3cm缝份量。

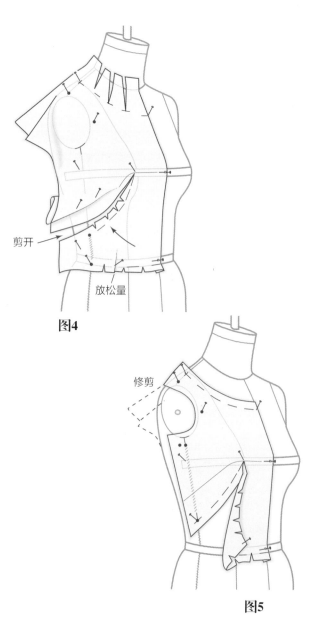

剪开

放松量

图4

修剪

图5

别合法式省道

图6

- 按人台上标示的缝线折叠好省道的下边线。
- 把省道别合起来，距离胸高点1.3cm开始别合两条省道线。
- 立裁衣身后片，完成设计。

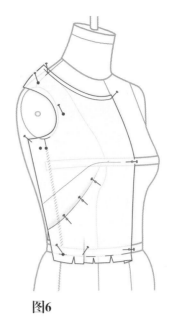

图6

完成的纸样

图7和图8

- 当立体裁剪完成后，将它从人台上移除。画好侧缝线和肩线后再移除省道上的针。
- 将衣片上的针去掉，无蒸汽熨烫。修顺并校准所有的缝线。
- 参考91页完成纸样。
- 完成纸样后，在距省尖0.3cm处打一个0.2cm的剪口。
- 后衣片通过立裁或拷贝纸样来完成设计。
- 检查服装的合体度。

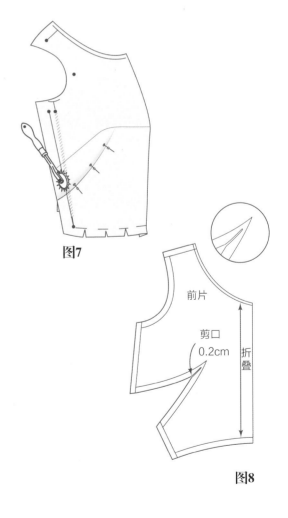

图7

前片

剪口
0.2cm

折叠

图8

设计8：交叉省

　　交叉省会在这种情况下出现，在立体裁剪时分开处理两边胸部的余量，但是把两边的余量都朝同一个方向推往某个设计点。不懂立体裁剪（纸样设计）的设计师不会意识到省道在设计中的应用。

　　设计师必须会辨认省道余量的位置，并懂得如何将余量应用到设计中。前面所学的省道操作技巧会在交叉省道操作中应用到。

　　下文的第一个效果图是交叉省的一个范例，看起来也像是不对称省道。通过这个立体裁剪练习能让你的知识和技能得到提高，像图2这种更复杂的款式也能顺利完成。显然，图2的款式设计是以交叉省为基础的。你将怎样处理下侧部位？也许有很多种方法，你会用哪种？

　　要点提示： *无袖的服装不需要在前袖窿留出0.3cm的放松量，只需要在后片侧缝留1.3cm的放松量。*

设计分析

　　省道余量的位置在哪里？

图1和图2

　　这款无袖服装的省道余量是如何应用的？从右侧出来的省道余量越过了人台的前中心线，一直到左侧的公主线，并且在前中心有交叉。而从左侧出来的余量交叉到了前中心，并且多余的面料被修剪掉了。为这款上衣设计一款配套的裙子。

　　第二个设计留作思考。让重叠的褶裥固定在各自的位置需要什么支撑物？观察两件服装的合体度。

图1　　　　　　　　　　　　图2

人台准备

图3

- 用针或标示带标记省道位置，作为立体裁剪设计的参考线。

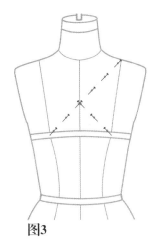

图3

测量坯布

- 参考第58页裁剪坯布。前衣片长度增加5.1cm，宽度加倍。前领围线不要剪开。按照第63页和64页介绍的方法立裁后片，或者拷贝后片纸样。

准备坯布

图4

- 从前中心往下15.2cm，在折痕上标记X。
- 从记号X往下标记胸高位（参考尺寸表6#），并在整个坯布上画出横丝缕线。

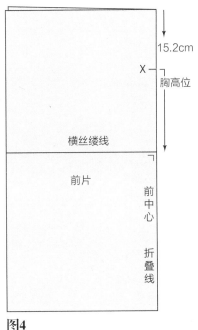

图4

立体裁剪步骤

图5

- 打开折叠的坯布，将坯布前中心参考线对准人台前中心。在前中心腰节剪开布料。
- 抚平胸围处的布料，用交叉针法固定。
- 抚平肩部的布料，用针固定。省道余量命名为A（右侧）和B（左侧），用针固定。
- 按照人台上的标记，用铅笔擦印标记出指向胸高点的线以及两条省道的交点。

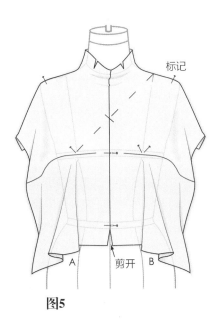

图5

图6

- 省道余量A围绕胸高点转动，并超出了衣身。在腰节处打剪口并加入0.3cm（折叠）的放松量。标记参考点，袖窿深，侧缝处1.3cm和2.5cm的放松量，一直到腰节最低处。修剪侧缝，留1.3cm的缝份。
- 领围区域：抚平领围处的坯布，打剪口，一直操作到左侧的肩颈点。标记领围前中心。
- 抚平布料到左肩公主线为止。

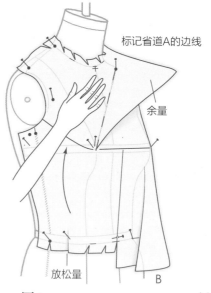

标记省道A的边线

余量

放松量

B

图6

图7

- 沿着铅笔擦印标记修剪布料，留出1.3cm的缝份。

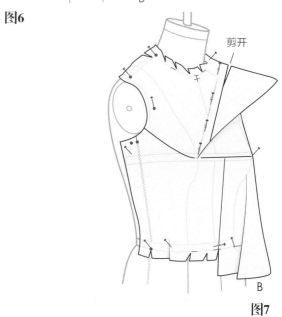

剪开

B

图7

图8

- 把余量A翻过去，固定在右边。
- 余量B从腰节转过来，在腰节别合0.3cm（折叠）的放松量，打剪口，一直到侧缝处。沿着侧缝继续往上，经过袖窿，到标记好的公主线，抚平布料。
- 继续沿着省道B的辅助线往下抚平余量，在交点处折叠省道B，余量倒向下方。
- 标记参考点，袖窿深，侧缝处1.3cm的放松量，腰节无松量。

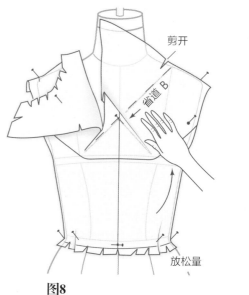

剪开

省道B

放松量

图8

图9

- 离参考线2.5cm剪开布料，修剪余量，留
1.3cm的缝份量。

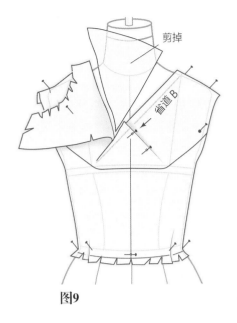

图9

图10

- 按缝线折叠省道A，用针把A固定在B上。移
除放松量上的针。
- 从人台上取下前片，立裁后片或者拷贝纸样
（参考第63页和64页）。

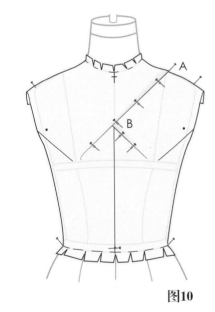

图10

完成纸样

图11

- 从人台上取下衣片。移除省道上的针，抚平
布料，描画并修顺所有的缝线。熨烫衣片，
把缝线描画到纸上。参考第91页完成纸样。

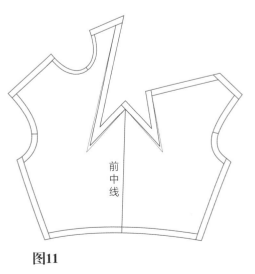

图11

设计9：不对称省

设计师可以发挥创意，将省道设计成各种形式。比如：让两个省道在特定的区域交汇（如本部分第一个效果图），或者将省道安排在相反的方向（如第二个效果图）。这两种设计的共同特点是，中心两侧的造型不一样，是不对称的设计。

第二张效果图是练习题。试着变化省道位置，自己设计一款不对称服装，并且设计相搭配的裙子。

要点提示： *无袖的服装不需要在前袖窿留出0.3cm的放松量，只需要在后片侧缝留1.3cm的放松量。*

设计分析

图1和图2

方形领的深度用针标记在前领窝往下大约7.6cm处，宽度标记在公主线上（可以自由设计）。用针在与袖窿深平齐的位置标记出方形袖窿。不对称设计要求白坯布能覆盖整个前身。腰省余量超过了两个胸高点，位于右侧腰节，缝合成了省道。上面的蝴蝶结让设计更完美（立体裁剪师可以做一个蝴蝶结）。

图2留作思考。先做哪个省道？观察服装的合体度。

图1　　　　　　　　　图2

准备人台

图3

- 用针标记出方形领和袖窿。

准备坯布

见第58页

- 准备宽为原来两倍的白坯布，要能覆盖整个前身。但裁剪后片，白坯布只需要有一半的宽度。
- 在前中心画出直丝缕方向。

立体裁剪步骤

图4

- 将坯布的中线对准人台的中心，用针固定。在胸高点用交叉针法固定。裁剪领围处的坯布，抚平两肩，用针固定。
- 在前中心腰节的下端打一个小的剪口。省道余量命名为A和B。

图5

- 在方形领口处打剪口，按照人台上的标记用铅笔擦印标记。
- 抚平肩部和袖窿处的坯布。标记袖窿深度，以及侧缝放松1.3cm后的点。
- 用铅笔擦印标记出方形袖窿，作为立体裁剪的参考。
- 裁剪人台左侧的布料，做出领围线、袖窿线和侧缝（这里没有画出来）。
- 余量A放在右片的侧腰上。
- 将余量推往右侧腰的角落，抚平布料。余量往上倒，以减少角落里面料的堆积。标记侧面腰节的角落。
- 在省道的折痕处用针固定。
- 余量B（在左侧）将放在右边的角落。

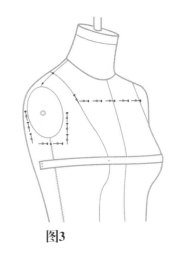

图3

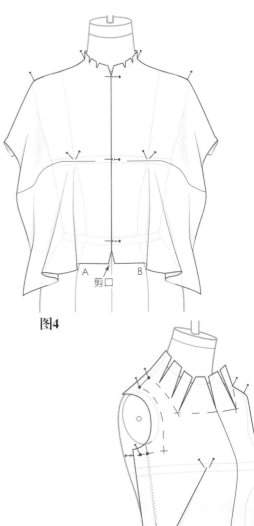

图4

图5

图6

- 从左侧腰开始到前中心抚平坯布，打剪口，并且加入0.3cm（折叠）的放松量。继续往前抚平布料，直到省道余量到达右侧腰的角落。

图7

- 在腰节的角落折叠省道，余量倒向下方。用针固定折叠好的省道。
- 修剪方形领口和袖窿。

后片

图8

- 立体裁剪后衣片（如图所示）。跟前衣片别合起来，检查效果（这里没有画出来）。移除放松量上的针，检查服装的合体度。
- 将衣片从人台上取下，移除所有的针。
- 无蒸汽熨烫，修顺并描画线条。距省尖1.3cm画出省道边线。

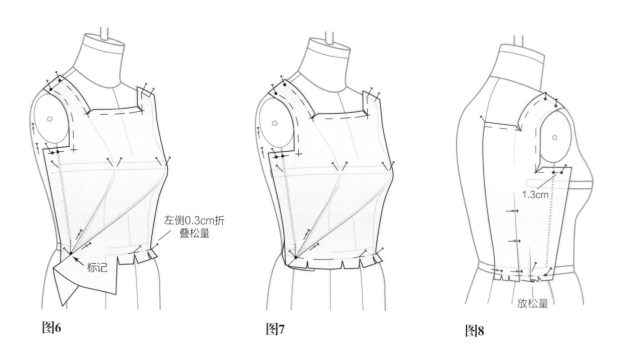

图6　图7　图8

贴边

图9

- 描画贴边（如图中实线所示）。
- 按照给出的数据调整贴边，剪掉多余的布料。
- 参考第91页完成纸样。

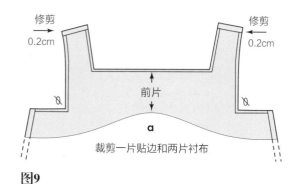

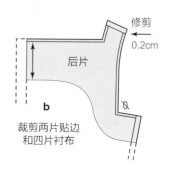

图9

完成纸样

图10和图11

- 将白坯布描画到纸上。在领围线和方形袖窿线上加0.6cm的缝份。其余的边线留1.3cm的缝份。

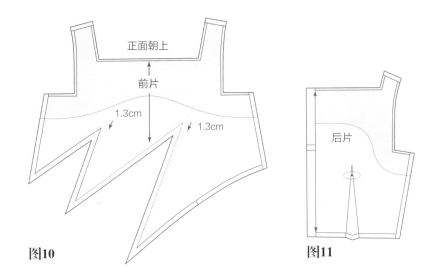

图10

图11

设计10：带荷叶边的省道

如果看不见内部的结构往往是很难进行设计分析的。设计师必须清楚用立体裁剪能做出什么样的设计效果。这款服装就是一个例子，带有荷叶边，且结构线被挡住了。

要点提示： *无袖的服装不需要在前袖窿留出0.3cm的放松量，只需要在后片侧缝留1.3cm的放松量。*

设计分析

图1

这款服装的正面共有一个前中片和两个侧片。荷叶边从领围线出来搭落在前中片上。调整后的胸部廓型让这款服装更迷人。衣服的开口设在后中。

侧片在荷叶边下面与前中片相连。

图1

准备人台、测量人台

图2

- 用针标记出新的领围线。
- 胸高位：采用尺寸表中的6号数据。按图示的方法测量人台。
- 把测量部位的数据记录下来。
- 全长：从肩颈点量到腰节，加上7.6cm=_____。
- 肩宽：从前领窝量到肩端点，加上10.2cm=_____。

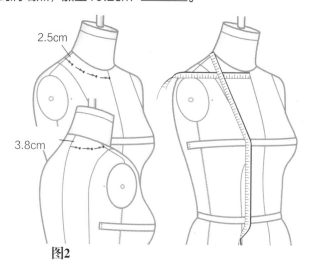

图2

准备坯布

图3

- 前片裁剪两片，后片裁剪一片。
- 按照图示画出领围线，然后修剪。

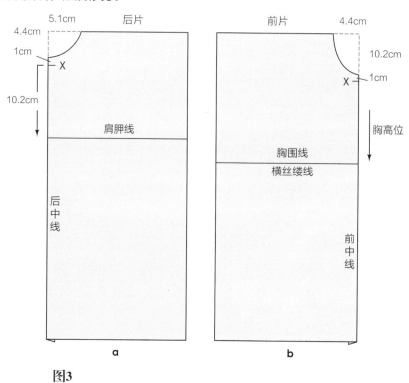

图3

立体裁剪步骤

前片

图4

- 按照原型衣的立体裁剪步骤来做。边立裁边研究效果图，并且标记所有的关键点。
- 用铅笔擦印画出新的领围线，在新领围线上，从肩颈点开始量取2.5cm，打剪口，做标记A，同样的方法标记出肩端点B。
- 标记从腰节到胸高点的公主线。

裁剪荷叶边线

图5

- 提起悬垂在肩部的布料，折叠点A和点B，穿过肩端点，超出C点大约7.6cm。修剪折线部位。
- 按照图示剪出曲线，从C点开始，终点距离BP点（D点）1.3cm。
- 沿着公主线修剪布料，留1.3cm缝份。在胸部与荷叶边的交汇处打剪口。（荷叶边的形状可以稍后调整）
- 将坯布从人台上取下，准备立裁侧片。

侧片与底布

图6

- 重复前片的操作，但下述步骤不同：
  - 标记侧片的公主线，这条公主线经过胸高点，往前中心延伸成一条曲线。（这是支撑前中片荷叶边的结构）

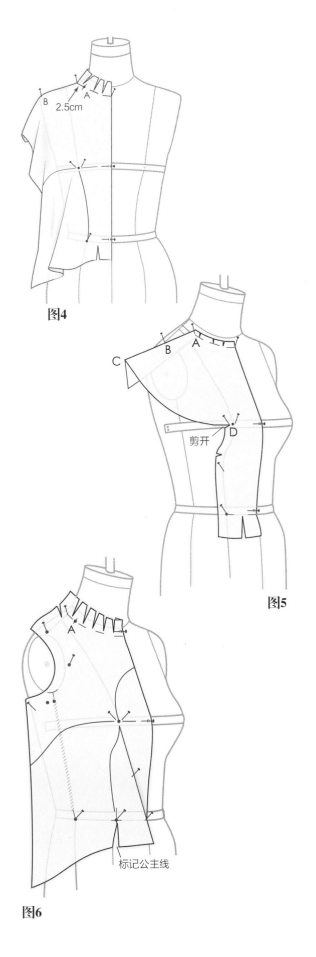

图4

图5

图6

图7

- 按照款式线修剪布料，留1.3cm的缝份。

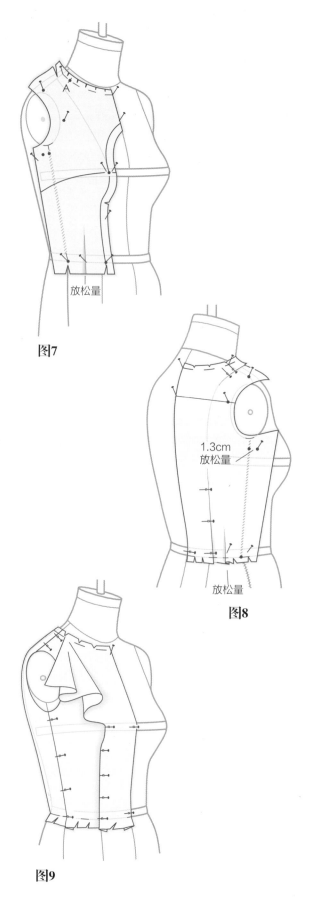

图7

后片立体裁剪

图8

- 按照第63页和64页的方法做后片立体裁剪。用铅笔擦印标记出领围线，或者拷贝基础后片的纸样然后调整领围线。

- 把后片往后翻，完成前片。

图8

拼合衣片

图9

按照外轮廓线，将胸部下端的公主线别合起来，使服装合体，但不要太紧，否则就会出现斜向布纹。把荷叶边领围线用针固定在前中片上，让荷叶边垂下来。调整荷叶边的形状。别合前后肩线和侧缝。

（观察立裁效果，如果需要更大的荷叶边，就做好标记，按标记把原来的衣片剪开，往外扩展，修顺曲线。剪一块布做实验，方法见图13。）

图9

完成立裁

- 把衣片从人台上取下。先标记出别合部位的轮廓线，再将针移除。
- 画好缝线后，修顺公主线，让胸部以下的轮廓合体。修顺所有的缝线。

完成纸样

图10～图12

- 制作纸样并加入缝份量：除了袖窿、领围和荷叶边各加0.6cm，其余部位都加1.3cm。
- 贴边是图中的阴影部分。

注意：*荷叶边的毛边可以用卷缝方法处理，车边线，锁边，翻折然后车缝。也可以在边缘加一层轻软的棉布。*

- 参考第91页完成纸样。

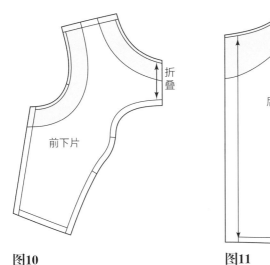

前下片

折叠

图10

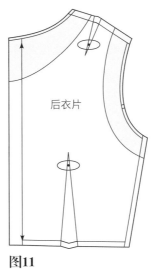

后衣片

图11

荷叶边

前衣片

图12

图13

- 剪开纸样，展开需要的量，可以得到更多的荷叶边。

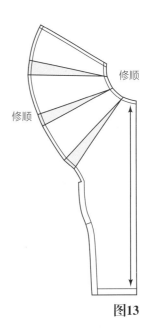

修顺

修顺

图13

设计11：百合花省

图1是省道余量创新应用的另一个范例。这款服装将两个不同类型的省道融合在一起。

要点提示： 无袖的服装不需要在前袖隆弧线留出0.3cm的放松量，只需要在后侧缝留1.3cm的放松量。

图1

设计分析

图1

设计师用箱型塔克褶的形式将省量的应用做成百合花效果。省道指向左侧的肩线中点。百合花省的散开点是在完成了右前片后才确定下来的。领围从肩中点到前领窝下2.5cm处做成曲线。左右两侧在公主线上缝合，缝合止点在胸高点往上7.6cm处。

左边立裁看不到的部位支撑着右边的省道。后片立体裁剪完成衣身（造型）。衣服的开口在后中线。

准备人台

图2和图3

使用针或标示带标记前后领围线，以及前中心胸围线上7.6cm处。

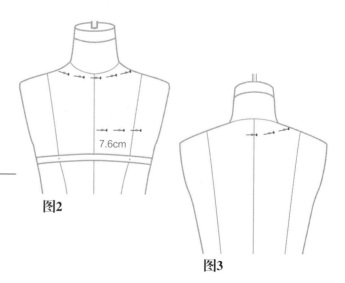

7.6cm

图2

图3

准备坯布

图4

- 根据给定的长和宽数据裁剪坯布，两个侧片，一个后片。
- **右前片：**距离布料纵向边缘1.3cm平行画一条线（A是缝线）。
- 量出一半的乳间距，平行于A画一条线，作为前中心线。

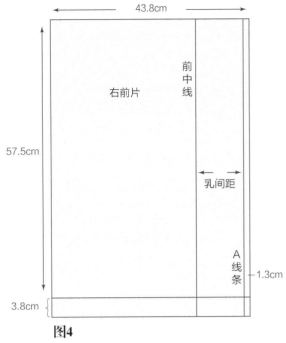

图4

图5

- **侧前片：**距离布边经向1.3cm画一条平行线，然后再平行于A画一条线，距离是乳间距的一半。

图5

图6

- **后片：**开口设在后中心。

图6

立体裁剪步骤

图7

- 沿A线段从下往上量取28cm做标记，打剪口，修剪A线段的上半部分。
- 把坯布放在人台上，用针固定前中心。在胸高点用交叉针法固定。按照图示用针固定。

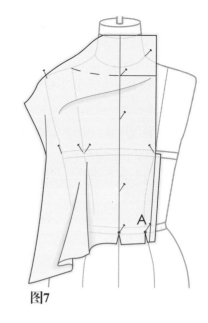

图7

右侧片立裁

图8和图9

- 立裁出前片，从腰节线开始，将省道余量围绕胸部推移，根据人台上的边线做标记，腰节别合0.3cm的放松量。标记出侧缝、袖窿、袖窿深，以及侧边1.3cm放松量的点（图9）。继续往肩端点转移，经过右颈侧点、领围线、左颈侧点，一直到左边肩端点，用针固定。在围绕人台边缘立裁时，注意打剪口、标注关键点，并按照图示用针固定。
- 抚平左侧的省道余量。
- 用铅笔擦印标记出右侧领围线。
- 使用塑料丁字尺，在前中心和公主线之间画一条垂直于前中心的线条。

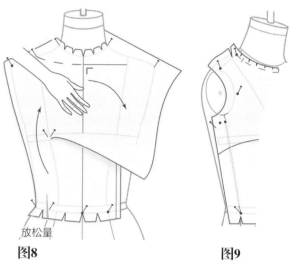

放松量

图8   图9

对合辅助线A和B

图10

- 修剪领围线，到前中心为止，用针固定。
- 往上推抚省道余量，在辅助线A与B的交点折叠省道。省道余量倒向腰节，用针固定。

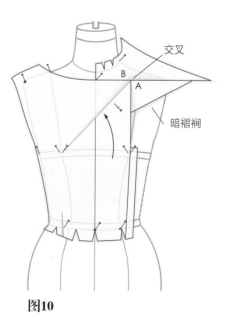

交叉

暗褶裥

图10

修剪领围

图11

- 把辅助线A和B一起横向剪断，丢掉多余的布料。
- 用指甲划出底层省道的中线。
- 如果折叠的省道尖看起来太长的话，就重画一条合适的虚线，并修剪。
- 标出从腰节指向胸高点的公主线（是一条直线），留出1.3cm的缝份量，修剪余量（虚线部位）。
- 标记省道边线。

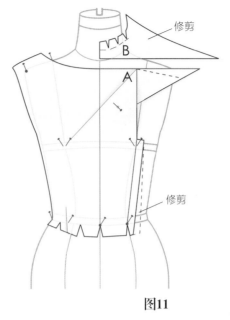

图11

折叠箱形褶裥

图12

- 去掉省道上的针，并打开省道，折叠箱型褶的两边，都倒向省道中线。

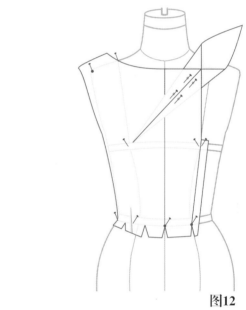

图12

裁剪左侧片

图13

- 将白坯布固定在人台的左前侧。用针固定前中线，在胸高点用交叉针法固定。根据人台轮廓推移布料，标注关键点，在腰节别合0.3cm的放松量。按图示的位置打剪口。从肩线中点到右侧胸高点画一条直线。标记领围线和左侧肩线中点。从胸围线水平往上7.6cm做标记，用铅笔擦印画出公主线。修剪图示的虚线部位。

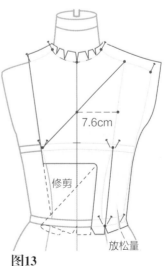

图13

覆盖右侧片

图14

- 将右侧前片盖在左片上，仔细对准前中心线，用针固定。
- 从腰节到胸高点把公主线别合在一起，抚平布料，继续固定一直到胸高点往上7.6cm的省道标记点为止。（胸高点以上的款式线没有跟公主线重合。）在左侧片上画出胸部曲线。

标记底层省道

- 如浅色区域所示，打开箱型褶裥，平摊开，用针标记出内折痕。

把底层的省道转移到左前片

图15

- 把右侧的衣片沿标记线翻过来，在左片上画出线条C。移除右衣片。

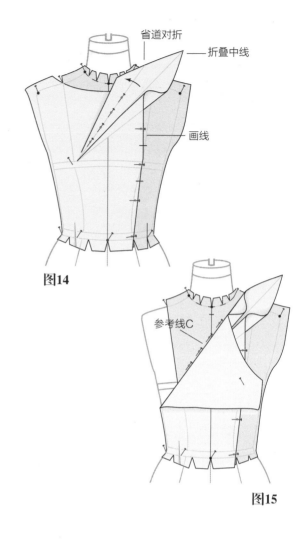

图14

图15

调整左前片

图16和图17

- 画出左侧胸围线以上的公主线。
- 参照辅助线C，量取1.3cm画一条平行线。
- 标记袖窿、袖窿深、以及侧缝往外1.3cm的点（这里没有画出来）。
- 修剪衣片，留出缝份。

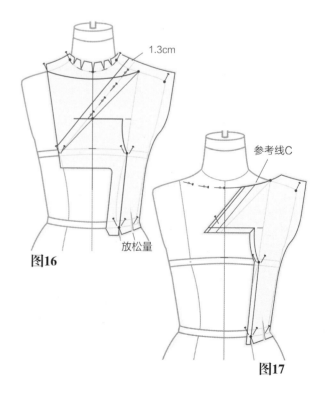

图16

图17

图18

- 将右前片放在左前片之上。如果两个衣片上的线条C没有重合，进行修正。
- 将衣片从人台上取下来，修顺所有的线条，下图是完成后的纸样形状。
- 立裁后片，具体步骤参考63页和64页。

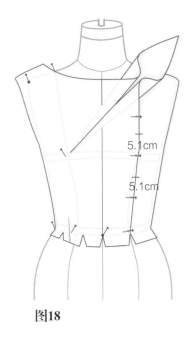

图18

完成纸样

图19 ~ 图21

- 阴影区域表示贴边纸样。在省道中心打孔，距省道边线0.3cm处打孔。
- 缝纫提示：缝出左侧片上的线条C，为缝合省道边线作参考。缝合公主线A和B。在打孔点往上3.8cm处缝合箱型褶。衬里跟褶裥一起折叠。

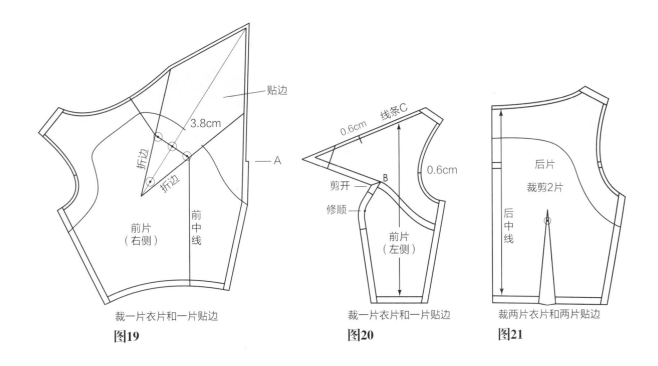

设计12：带褶的省道

有些设计带有很多褶裥，而省道余量不足以形成这么丰富的褶裥，这时就需要在立裁时增加布料的量。增加后的褶裥如果指向胸点，那么省道余量就包含进去了。如果褶裥不指向胸点，则省道余量就没有包括在内（见第一款效果图）。

增加的松量可以做成缩褶、叠褶和荷叶边。当服装款式比较宽松时，也要增加布料的量。

有三种增加松量的方式：（1）在服装的一侧增加松量，（2）在服装的两侧增加均等的松量，（3）在服装两侧增加不均等的松量。

要点提示： *无袖的服装不需要在前袖窿留出0.3cm的放松量，只需要在后片侧缝留1.3cm的放松量。*

设计分析

省道在哪里？

图1

省道余量在图（a）中是如何利用的？省道的角度跟V形领口一致。省道的一边是平的，另一边缝成了缩褶。

这款服装需要增加松量吗？是的，缩褶位于省道边线的一侧，以及前中心。原始的省道量被缝成缩褶，一部分增加的松量沿着前中线分布。

思考旁边的款式。哪条款式线其实也是一条省道？哪部分增加了松量？

a   b

图1

准备人台

图2和图3

- 从肩点往里5.1cm开始，到前中心胸围线处结束，用针标出V形领口，接着从胸高点开始，平行与V形领，用针固定。从后颈点往下降5cm，用针标出后领围线，与前领围连顺。

准备坯布

- 见第58页。
- 长度增加17.8cm，宽度增加12.7cm。

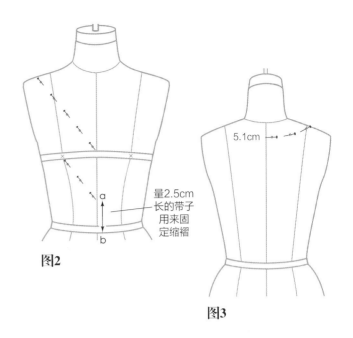

量2.5cm
长的带子
用来固
定缩褶

图2

图3

立体裁剪步骤

图4

- 折线对准人台前中心，用针固定乳间距，暂时固定腰节上部。抚平从V形领口线到肩部的布料，固定。
- 用铅笔擦印标记出V领线，以及从胸点到前中心的标记。
- 修剪领围，剪开胸点下的布料，留出1.3cm的缝份。
- 确定肩线和袖窿中点，用针固定。

图5

- 从上往下抚平布料，确定袖窿深，修剪布料，做好标记，在袖窿深点10.2cm以下的侧缝线上做标记，固定。
- 把前面的省道边角往上翻折，用针固定。

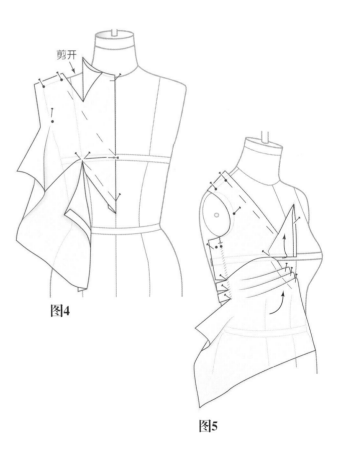

剪开

图4

图5

增加松量

图6

- 侧缝处打剪口，固定。
- 提高横丝缕线，折叠2cm的褶裥。
- 用针固定褶裥，位置要超过人台上的省道标记线。
- 每隔1.3cm都重复以上步骤，抚平侧缝处的布料。
- 一直这样做到腰节。
- 用铅笔画出从胸高点到前中心的标记线，修剪多余的布料，留出1.3cm的缝份。

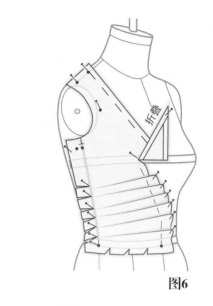

图6

图7

- 将省道边线盖在缩褶上，用针固定，同时将褶量均匀分布。
- 将缩褶分布在前中心到腰节底端。

注意： *为了固定住前中心的缩褶，在内侧的缝份上加缝一条带子，带子宽0.6cm，长度是从省道止点到腰节的距离。留出2.5cm的缝份（上面留1.3cm，下面留1.3cm）。*

- 翻折起衣片，以便立裁后片。

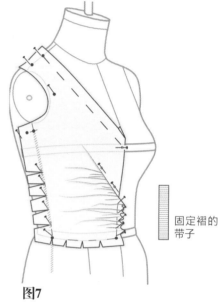

固定褶的带子

图7

后片立裁

图8

- 按照图示，检查所有的标记和松量。
- 固定后中心，沿着辅助线和人台抚平布料，打剪口、固定、做标记。标记袖窿深度，在侧缝增加1.3cm的松量。固定腰省，在腰线上增加0.3cm的松量。
- 将衣片从人台上取下来。

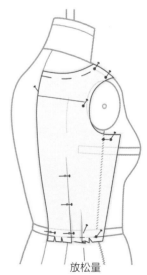

放松量

图8

完成纸样

图9

- 前片：修顺缩褶部位的曲线（a）。
- 后片：确定好领围线后，修剪后肩线，以消除肩省量（如b所示的放大部位）。
- 如果带袖子的话，阴影区域是贴边。前片：对折连裁一块前片，或者裁剪两片（前中有缝），再裁一片贴边。后片：裁剪两片后片和两片贴边。如果这件服装无袖，处理方法参考第三章。
- 后中的贴边比较长，这是为了隐藏后中开口的缝份。参考第91页完成设计制作。

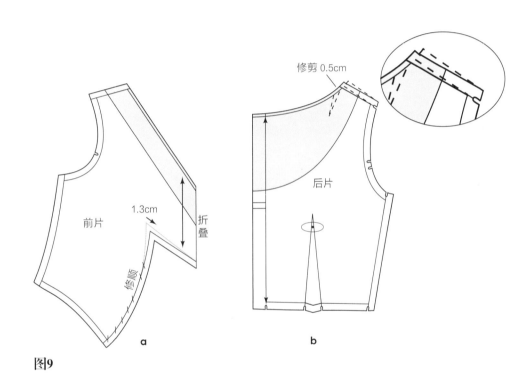

图9

紧身上衣款式

第7章

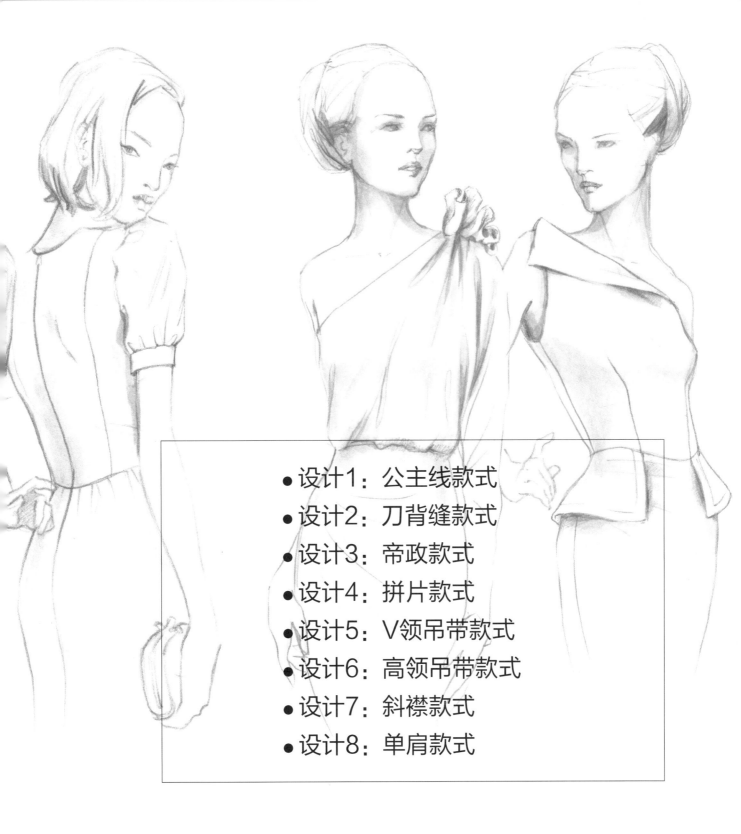

紧身上衣的款式很多，但有四种最典型，包括**公主线款式、刀背缝款式、帝政式和拼片款式**。这些款式是其它变化款式的基础。每种款式也是进行连衣裙和外套立体裁剪的基础（在后面的章节介绍）。本章还介绍了其它款式的紧身上衣，如**斜襟式、露肩式和吊带式（V领和高领）**。这些紧身衣跟裙子连起来就成了连衣裙，跟裤子连起来就成了连身裤。

设计1：公主线款式

设计分析

省道在哪里？

图1

分割线沿着前后片的公主线，从腰节开始，经过胸部，肩部，一直到肩线中点。公主线的其它变化款在本小节的最后，参考图13。

余量在这款服装中是如何利用的？省道余量分配在公主线上的腰部和肩部。省道边线的位置决定了公主线的位置。侧片布料的直丝缕与腰节垂直。

注意： 无袖的服装不需要在前袖窿留出0.3cm的放松量，只需要在后片侧缝留1.3cm的放松量而不是2cm。

图1

准备坯布

图2

- 测量衣身长度，增加10.2cm=_____。
- 测量前中线到胸高点的距离，增加7.6cm=
  _____。
- 测量胸高点到侧缝的距离，增加7.6cm=
  _____。

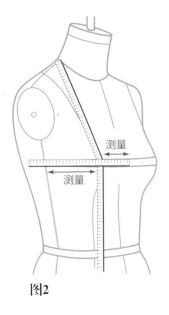

图2

图3

- 按照图示修剪出领围。
- 在前后中心线上画短垂线。
  在侧片中心画出直丝缕，从侧片底端往上剪开2.5cm。

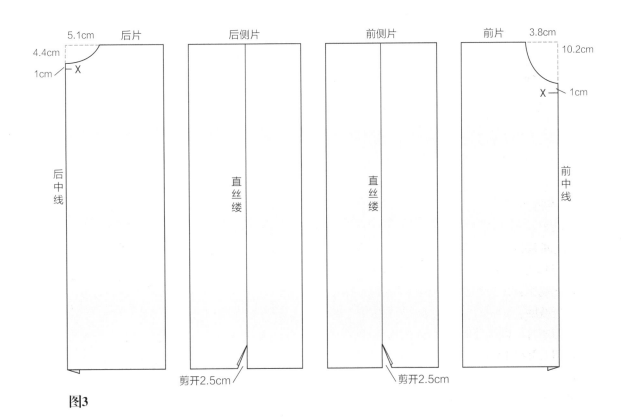

图3

立体裁剪步骤

图4

- 将前片按照前中线放在人台上，对准X点，按照图示用针固定。
- 抚平领围、肩部、腰节和公主线上的布料，相应位置打剪口，做标记，固定。
- 在胸高点上下各5.1cm处打剪口做标记，这两个剪口对位点用来控制前侧片胸部的松量的分配。

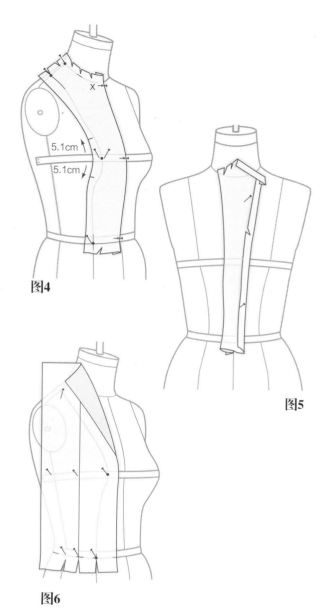

图4

图5

图5

- 为了给侧片一定的松量，剥开后片的坯布并用针别住或者从人台上取下来。

前侧片

图6

- 将侧片披在人台上，直丝缕对准人台侧面中心且垂直于腰线，用针固定。

图6

图7

- 沿着公主线、肩部和腰节将坯布抚平，打剪口，做标记。
- 余量将出现在胸高点附近，用针别住余量（松量）。从别住余量的地方上下各5.1cm处做标记，作为当侧片别到上面时松量的分配。
- 抚平袖窿处的坯布，别住0.3cm的松量（折叠后）。
- 标记袖窿深，用铅笔擦印画出侧缝。在侧缝标记1.3cm的松量，到腰部松量为零。
- 标记侧腰到公主线，并增加0.3cm的放松量（折叠后）。
- 修剪衣片，侧缝处留2.5cm的缝份，其它部位留1.3cm（a）。
- 折叠前片的缝份，同时重叠侧前公主线，用针固定。
- 在所做标记之间分配胸部松量。
- 折叠肩线和侧缝线（b）。

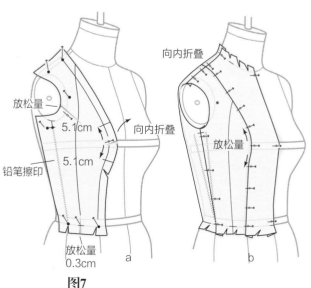

图7

后片

图8

- 将折好的坯布后中线对准人台的中心线，对合x标记，用针固定。
- 沿着领围、肩部、腰节和公主线抚平布料，打剪口，做标记。
- 将后片翻折或者从人台上取下，方便侧片的裁剪。

后侧片

图9

- 将侧片披到人台上，直丝缕对准人台侧面中心且垂直于腰线，用针固定。

图10

- 沿着公主线、肩部和腰节将坯布抚平，打剪口，做标记。肩胛骨区域将出现一定的余量，将余量转移到后片的拼接部位。
- 在腰节增加0.3cm的放松量，做标记，固定。
- 沿着侧缝画线，标记出袖窿深和侧缝放松量（有袖子的款式加2cm的放松量，无袖的款式加1.3cm）。
- 修剪衣片，侧缝留2.5cm缝份，其余部位留1.3cm。
- 将后片公主线盖在后侧片公主线上。

图11

- 折叠并用针固定分割线，一直到肩部，固定好侧缝。
- 检查袖窿形状，参考第66页。
- 从人台上取下衣片。移除针，修顺线条。
- 对照尺寸表检查衣片的中心线、肩线和侧缝的尺寸。为了检查最终的造型效果，将坯布上的线迹缝合起来，或者先将衣片拷贝到纸上，然后用布料裁出。
- 参考第91页完成纸样。
- 参考第21页和22页制作贴边。

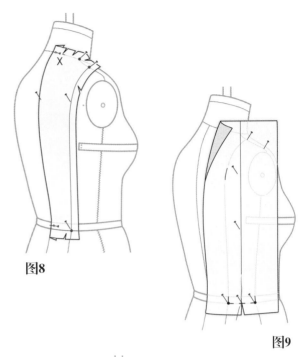

图8

图9

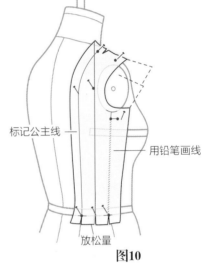

标记公主线

用铅笔画线

放松量

图10

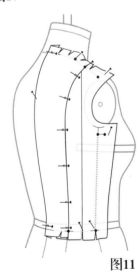

图11

完成纸样

图12

比较纸样与款式图。如果前片胸部下方的线条有些弯曲的话，在纸样上画出如图所示的虚线。

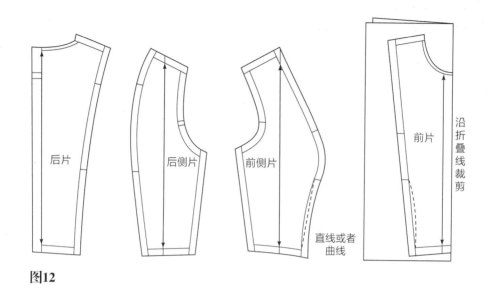

图12

基于公主线款式的变化款式

图13

图13所示的变化款都是以公主线紧身衣为基础的。所有的款式线都经过了胸高点，不过形式不同。

哪个款式的分割线是从腰节到肩部的？哪个是从腰节到领口的？哪个是从肩部到帝政分割线的？哪个是从腰节到胸围之上的？哪款设计分配了腰省余量？

应用省道操作原理分配省道余量。修剪后的省道边线构成了款式线吗？

图13

设计2：刀背缝款式

刀背缝款式与经典的公主线款式不同的地方是分割线的方向。刀背缝款式的其它变化款在本小节的最后，见图17。基于刀背缝原理还能设计出更多款式。

设计分析

省道在哪里？

图1

款式线沿着公主线从腰节经过胸高点，然后转向袖窿中点，形成曲线。这款服装中的余量是怎样被创新应用的？省道余量分配在胸高点和腰节之间，以及袖窿中点。省道边线控制着经过胸高点的款式线。侧片的直丝缕垂直于腰节线。

准备人台

图2

· 在人台的前后用针或者标示带标记出胸围线到袖窿中点的曲线。在胸高点上下5.1cm处用针固定。

图1

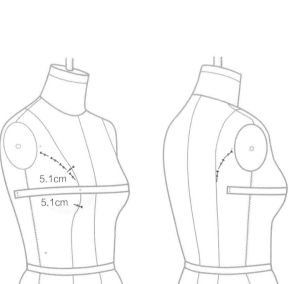

图2

测量人台

图3

- 长度：全衣长，加10.2cm=_____。
- 宽度：肩宽，加7.6cm=_____。

侧片

- 宽度：从胸高点量到侧缝，加7.6cm。
- 长度：全衣身长减去10.2cm。

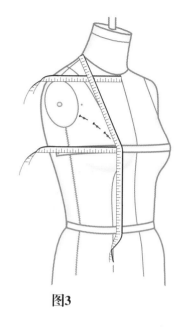

图3

准备坯布

图4

- 按照给出的尺寸裁剪坯布。
- 根据记录的尺寸裁出前后领围。
- 在侧片中心画出直丝缕向。
- 沿直丝缕向，在布料边缘折叠2.5cm，折叠时不要熨烫。

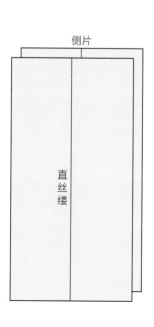

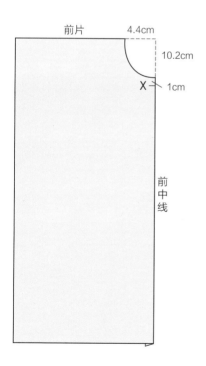

图4

立体裁剪步骤

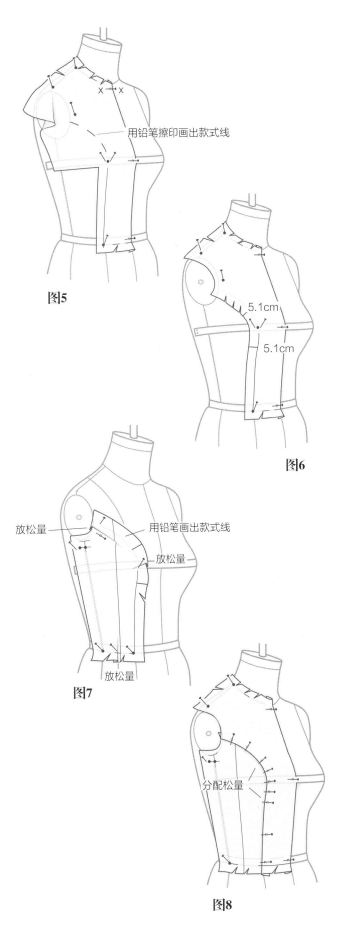

图5

- 将坯布折线对准人台的前中线，对合X点，用针固定。
- 抚平肩部和胸部的坯布，避免拉伸。
- 抚平颈部和肩部的坯布，打剪口，做标记，固定，修剪多余的布料。
- 按图示修剪公主线上的余量。
- 按照人台上针的标记用铅笔擦印画出袖窿处公主线，并延长到腰部。

图5

用铅笔擦印画出款式线

图6

- 沿着款式线修剪多余的布料，并打剪口。
- 在胸高点上下5.1cm做对位标记。

5.1cm

5.1cm

图6

图7

- 将侧片放在人台上，直丝缕对准人台侧面中心且垂直于腰线，用针固定。
- 抚平侧片中线两旁的坯布。
- 用铅笔擦印画出侧缝，标记袖窿深，和侧面松量1.3cm。
- 在袖窿和腰节各别合0.3cm的放松量（折叠后）。
- 按照人台上的针标记，用铅笔擦印画出袖窿处造型曲线。
- 将其余的松量别合在公主线上。
- 在胸高点别住松量的地方上下5.1cm做对位标记。

放松量

用铅笔画出款式线

放松量

放松量

图7

图8

- 将前片的缝份折叠并重叠在侧片上，用针固定。分配胸高点附近的余量，这些余量是留给胸部的宽松量。
- 剥开后片，或从人台上取下。

分配松量

图8

图9，图10

- 将坯布的折线对准人台的中心线，对合X标记，用针固定。
- 沿着领围和肩部抚平坯布，打剪口，做标记，用针固定。
- 按照人台上的针标记用铅笔印画出款式线（图9）。
- 肩省或多余省量进行分配：肩线处的余量可以做成省道，也可以将一半的余量转移到肩点。剩下的肩省余量就成了袖窿处的松量（间隙）。在间隙以下，用针固定余量，完成立裁，标记袖窿（图9）。
- 剥开后片，或者从人台上取下来，以方便侧片的立体裁剪。

图11

- 将侧片披到人台上，直丝缕对准人台侧面中心且垂直于腰线，用针固定。
- 按照人台上的针标记用铅笔擦印画出款式线，别合0.3cm的放松量（折叠），一直画到侧缝。
- 标记袖窿深，如果是带袖子的服装，留出2cm的松量，如果是无袖的，留1.3cm。修剪多余的布料。

图12

- 折叠后片缝份后，重叠在侧片上，用针固定。

图13

- 折叠前片的肩线和侧片缝份后，重叠在后片上，用针固定。
- 检查袖窿的合体度，以及衣片拼合的效果。

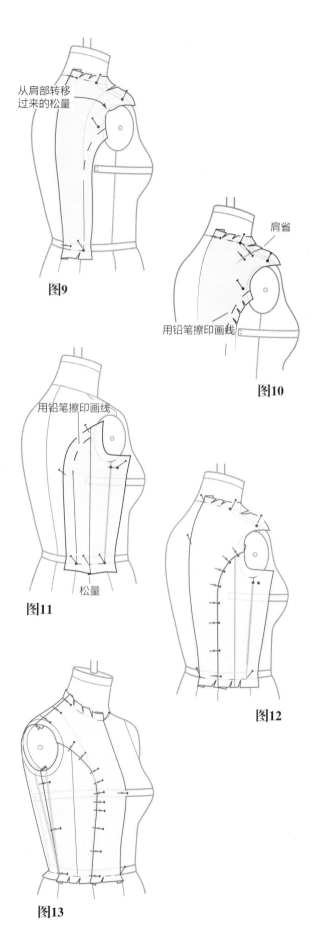

从肩部转移过来的松量

图9

肩省

用铅笔擦印画线

图10

用铅笔擦印画线

松量

图11

图12

图13

图14和图15

- 将裁片从人台上取下来。
- 移除公主线上的针，留下前后袖窿附近5.1cm处用针固定。
- 将衣片平摊开来，然后画出袖窿弧线。（如果衣片是分开的话，袖窿弧线会很难画。）在做贴边的时候要遵循同样的方法。
- 修顺衣身曲线，描线，然后缝合，或者先把衣片拷贝到纸上进行试样。参考第91页完成纸样，参考第21页和22页制作贴边。
-

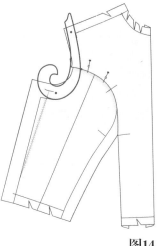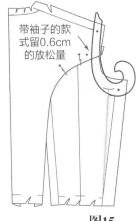

带袖子的款式留0.6cm的放松量

图14　　　图15

完成纸样

图16

- 将坯布样板转移到纸上，方法参考第69~71页。

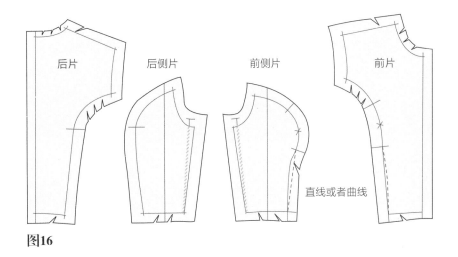

后片　　　后侧片　　　前侧片　　　前片

直线或者曲线

图16

基于刀背缝款式的变化设计

图17

　　图17当中的变化款式是根据刀背缝款式进行创新设计的。这些设计有什么不同之处？它们的共同点在哪？当服装上有一些创意细节时会引起刀背缝的变化吗？用立裁制作款式a最简单的方法是什么？

a　　　b　　　c

图17

设计3：帝政款式

　　帝政款式是非常流行的设计，它让服装紧随胸部廓型，也是其它帝政样式的变化基础。帝政样式的变化款出现在本小节的最后。帝政式衣身用到了塑形的立裁技巧。

　　帝政式在裁剪时要让布料适合胸部的廓型，不论是胸部上面还是下面，只要有廓型，都要把它塑造出来，这跟裁剪覆盖形体的服装不一样。塑形的技巧强调了人体胸部的轮廓。仔细分析款式，有助于设计师发现需要强调轮廓的部位（见图1）。更多关于塑形的技巧，参考第十三章。

图1

设计分析

图1

　　帝政式款式线是穿过胸下一直向下倾斜到后中线的横向分割线。上腹部的设计要贴合人体，而不是把从胸高点到腰节的中空区域简单的包住。胸部以下政政式分割线以上的省道余量可以缝成省道，或者做成缩褶。后背的省道余量分配成肩省和上背部的省道。中心线跟直丝缕的方向一致。变化款式在第160页图18。

为准备坯布测量人台

图2

* 根据第32页尺寸表的6#数据确定胸高位尺寸。
* 测量长度，增加12.7cm=_____。
* 测量宽度，增加7.6cm=_____。
* 用标示带贴出胸部以下的分割线：从前中线开始，逐渐往下倾斜，一直到后中线。

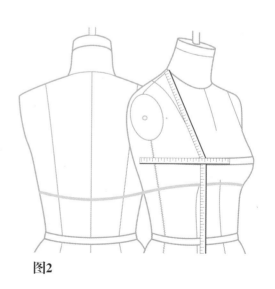

图2

准备坯布

图3和图4

- 按照给定的尺寸，裁剪坯布，修剪出前后领围。
- 沿直丝缕线方向折叠坯布边缘2.5cm，不要熨烫。
- 从布料底端往上量17.8cm，横向剪开。

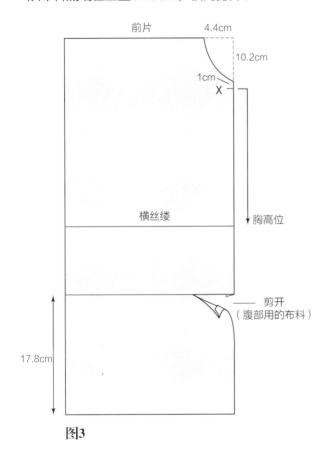

图3

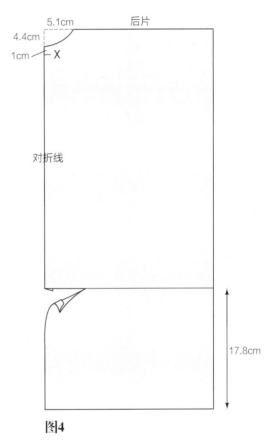

图4

腹部衣片的立裁步骤

图5

- 将布料的对折线对准人台中心线，用针固定。
- 将布料推到侧缝，抚平，打剪口，用针固定。
- 在腰节别合0.3cm的放松量（折叠后）。
- 画出帝政式分割线和侧缝。
- 在分割线上找到公主线，距公主线两侧2.5cm做标记，作为固定衣身褶裥的部位。

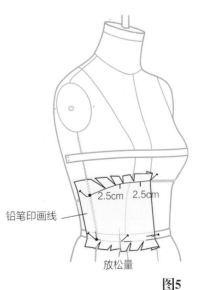

图5

立体裁剪步骤

图6

- 将布料的折线对准人台中心线，用针固定。
- 沿着领围、肩线一直到袖窿中点，抚平布料，打剪口，做标记，修剪多余布料。
- 在袖窿别合0.3cm（折叠）的放松量（无袖款式不需要）。沿着侧缝抚平布料。
- 标记袖窿深，用铅笔擦印画出侧缝。
- 在侧面增加1.3cm的放松量，做标记。
- 在胸高点以下的公主线上别合一个临时省道。这个省道的收省量比基础上衣要多，这是因为胸部下端的分割让服装更合体。
- 画出帝政分割线。

省道处理

图7

- 折叠余量（倒向中心），并且在离胸高点1.3cm的地方用针固定。将多余的布料修剪掉，留1.3cm的缝份。

褶

图8

- 在省道两侧2.5cm处做标记，作为褶的位置。这里的褶位置要跟腹部衣片上的对位点重合。
- 将褶分配在5.1cm的长度内（根据需要增减）。参考图例。

图9

- 将腹部裁片按照标记线折叠，用针固定在帝政分割线上，固定对位记号之间的缩褶。

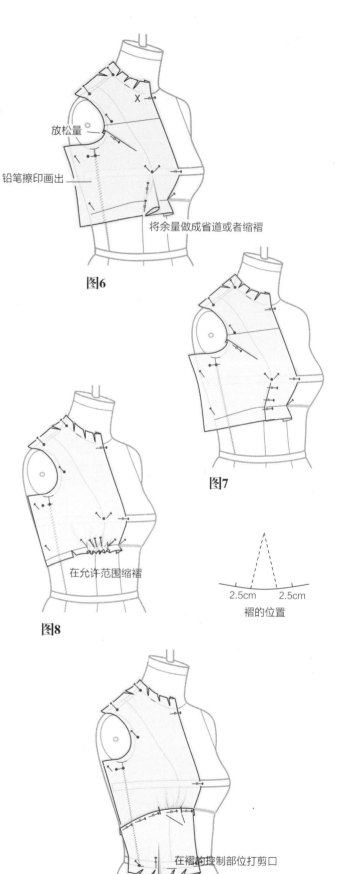

放松量

铅笔擦印画出

将余量做成省道或者缩褶

图6

图7

在允许范围缩褶

图8

2.5cm   2.5cm

褶的位置

在褶的控制部位打剪口

放松量

图9

后腰片

图10

- 将折叠好的坯布对准人台后中线，用针固定。
- 沿着人台的外形，抚平布料，打剪口，做标记，修剪多余布料，用针固定。

后衣身

图11

- 将折叠好的坯布对准人台后中线，用针固定。
- 沿着人台的外形，抚平布料，打剪口，做标记，修剪多余布料，用针固定。
- 别合肩省和后公主线上的省道。
- 标记袖窿深，如果是无袖的款式，增加1.3cm的放松量，如果是有袖子的，则增加2cm的放松量。
- 画出帝政分割线和侧缝。

图12

- 折叠后腰片的缝份，重叠在帝政分割线上，对合衣身上的侧缝线，用针固定。

图13

- 折叠侧缝和前衣身肩线，然后重叠在后衣身的侧缝和肩线上。前后帝政分割线吻合。
- 去掉袖窿和腰节的针，检查袖窿的合体度，以及前后衣片的拼接效果（见第66页和67页）。如果需要再进行调整。

图14

- 将衣片从人台上取下来。
- 去除针，但是位于侧缝处连接腹部衣片和上衣片的针不要去掉。对合侧缝的辅助线，然后画出缝迹线。最后去除剩下的针。

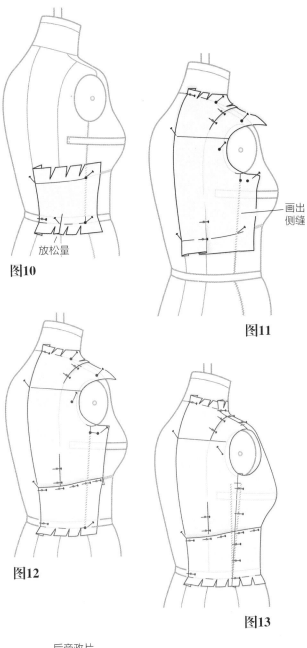

放松量

图10

图11

画出侧缝

图12

图13

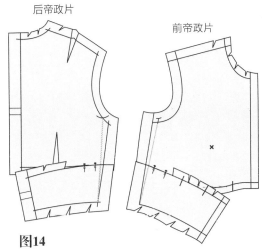

后帝政片

前帝政片

图14

完成纸样

图15~图17

• 修顺所有的线条，然后缝合衣片进行试样，或者先将线条转移到纸上。贴边和闭合口的操作方法参考第21页和22页。

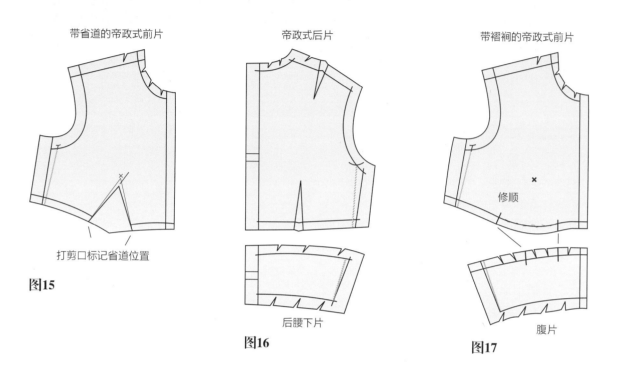

带省道的帝政式前片　　帝政式后片　　带褶裥的帝政式前片

打剪口标记省道位置

图15

后腰下片

图16

修顺

腹片

图17

帝政款式分割线的变化款

图18

图18中的变化款表现了帝政分割线和塑形的方法。由于省道余量始终是设计的一部分，那么如何处理这些余量呢？哪款设计在处理余量时应用到了省道变化？

图18

设计4：拼片款式

传统的拼片款式有两个显著特征：没有侧缝，并且分割线不经过胸部。这款传统的拼片服装中，有部分省道余量与侧片分割线交错，如图所示。这部分省道余量可以做成缩褶或者转化到其它地方设计成变化款。在具有类似特征的服装中，拼片款式是一个典型。基于拼片款式的设计变化在本小节的最后，见第165页图13。

设计分析

省道在哪里？

图1

前后片通过一个侧片连接，没有侧缝。侧片分割线没有经过胸高点，因此，前片会出现一部分省道余量。

这部分省道余量是如何利用的？余量被设计成省道并且与侧片分割线相交。中心线用的是直丝缕向，侧片中心也是直丝缕向。

图1

准备侧片分割线

图2

在人台前后的袖窿中点以下贴好标示带。按图示，让标示带略微偏离袖窿，直着往下贴到腰线。

测量侧衣片

- 长度从肩点量到腰节=_____。
- 宽度从袖窿板点横向量出分割线之间的距离，加5.1cm=_____。

测量人台

图3

- 衣身全长，加7.6cm=_____。
- 肩宽，加7.6cm=_____。

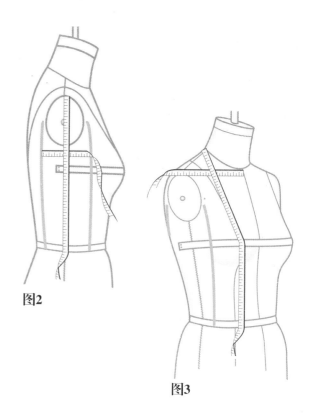

图2

图3

准备坯布

图4

- 按照图中给出的数据裁剪衣片，修剪前后片领围线。在裁片b上画上直丝缕向线。

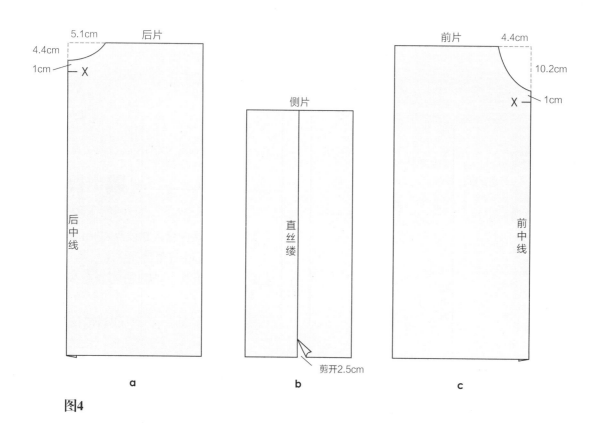

图4

立体裁剪步骤

前片

图5

- 将布料的对折线对准人台中心线，用针固定。
- 沿着人台的外形，抚平布料，打剪口，做标记，修剪多余布料，用针固定。抬起从胸部垂下来的余量，使横丝缕向上移。余量折叠成省道在侧胸部固定，余量倒向腰节。
- 画出侧片分割线，修剪布料，留1.3cm的缝份。
- 翻折裁片或者从人台上取下来，方便后片的立裁。

后片

图6

- 将布料的折线对准人台中心线，用针固定。
- 根据分割线，抚平布料，打剪口，做标记，修剪多余布料，用针固定。（见第154页图9和图10。）
- 画出侧片分割线，修剪布料，留1.3cm的缝份。
- 翻折裁片或者从人台上取下来，方便后片的立裁。

侧片

图7

- 将侧片中线对准侧缝，剪开的部位在侧缝底部，与腰节线对齐，用针固定。
- 标记袖窿深，以中垂线为准，在前侧量取1.3cm，在后侧量取2cm（如果是无袖款式则量取1.3cm），作为侧面放松量。

图8

- 重合侧片上的放松量标记并折叠布料，沿直丝缕方向折叠固定。
- 在腰节中点两侧各0.3cm（折叠）处别合放松量。
- 画出侧片款式线，修剪多余的布料，留1.3cm的缝份。

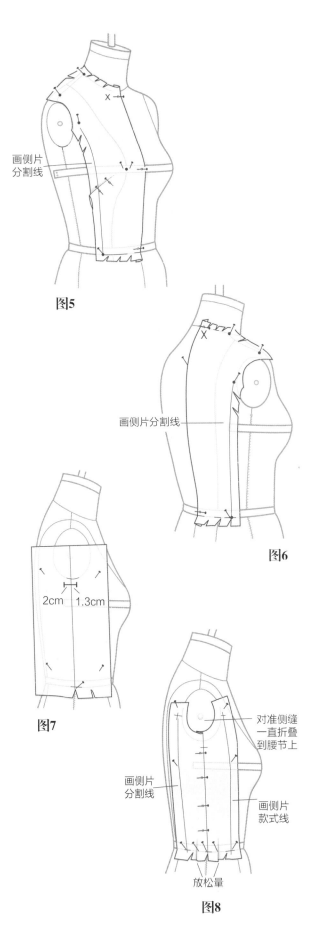

图5

画侧片分割线

画侧片分割线

图6

2cm 1.3cm

图7

对准侧缝一直折叠到腰节上

画侧片分割线

画侧片款式线

放松量

图8

图9

- 按缝迹折叠前后片，将裁片缝线重叠在一起。
- 检查袖窿的合体度，以及服装的平衡感（见第65页和66页）。

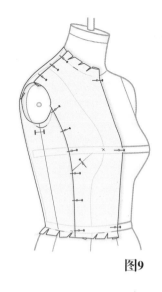

图9

图10

- 从人台上取下坯布，除了袖窿附近用针固定合外，把其它部位的针都拔掉。
- 画出前领围线。
- 连接肩点，袖窿中点和袖窿深点画出袖窿弧线。

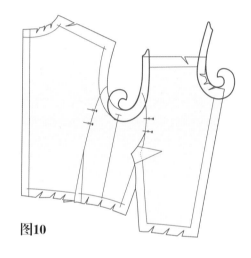

图10

图11

- 按照前片一样的方法，画出后袖窿弧线和后领围线。
- 修顺裁片上的其它线条并缝合起来，或者将线条先转移到纸上进行试样。
- 参考第91页完成纸样。参考第21页和22页制作贴边。

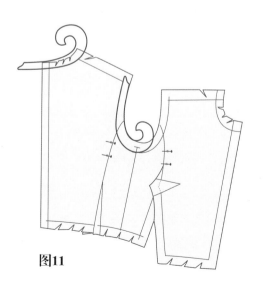

图11

完成纸样

图12

- 比较纸样和款式图。

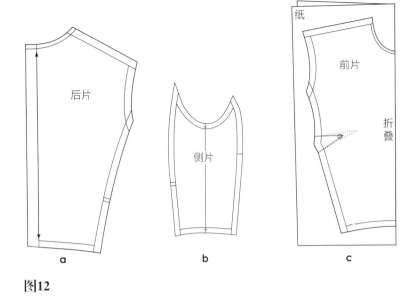

图12

拼片上衣的变化款

图13

　　图13中的款式都是根据拼片上衣的原理来设计的，它们表现了拼片的多样性。如果改变a款的分割线，它仍然能叫拼片款式吗？为什么？b款和c款的服装强调了人体廓型吗？领子是怎样跟衣片结合的？

图13

吊带款式

吊带款式的服装保留一部分肩部，去除整个袖窿，露出人体肩部。吊带在脖子上以各种形式缠绕。吊带款式中的V领可以用纽扣、挂钩、系结或者绳带来固定。省道余量可以处理成褶、褶裥、省道、荷叶边或其它形式。后片的领口线可以与吊带相接也可以挖深（如图1和图2）。

设计5：V领吊带款式

设计分析

图1和图2

图1中的V领吊带是这样设计的，从前中心延伸出来的布料在后背系结。吊带部分穿过腋下大约7.6cm处，一直延伸到后中心，后片的高度大约为12.7cm。后中线处加宽2cm，作为钉纽扣的量。省道余量设置在前中心，处理成塔克褶，后片很低。在处理吊带边缘时，可以用窄一点的贴边盖住边线，也可以锁边，缉明线。根据塑形的原理来思考图2的设计，开口设在宽带子的起始点。

图1   图2

准备人台

图3

- 用标示带或针标示出吊带款式线。

准备坯布

- 参考尺寸表中的8#和9#尺寸，或者按以下方法裁剪：
  - 从颈侧点量到腰节，加33cm=_____。
  - 测量胸宽，加7.6cm=_____。
  - 测量后背长和宽，各加12.7cm= W_____，L=_____。

图4

前片

- 按照图中给出的尺寸裁剪布料。沿着布料直丝缕向折叠1.3cm的布边。折叠并按压。

后片

- 距布边8.3cm画出直丝缕向。
- 折叠6.4cm无蒸汽熨烫，留作扣子/扣眼的宽度。

立体裁剪步骤

图5

- 将布料折线对准人台前中心，腰节线以下留3.8cm的布料。胸围线往上2.5cm用针固定。抚平肩颈点的布料，在肩颈点往上2.5cm的脖子上用针固定。
- 抚平胸围处的坯布，用交叉针法固定胸高点。
- 围绕胸部，将腰节处的省道余量转移2.5cm到肩颈点，作为放松量，如果觉得合适了，就用针固定。

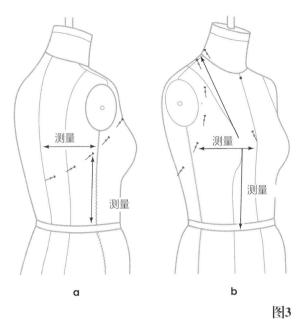

图3

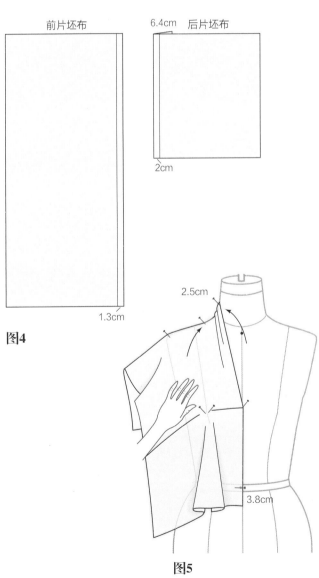

前片坯布

6.4cm　后片坯布

2cm

1.3cm

图4

2.5cm

3.8cm

图5

图6

- 抚平侧缝处的坯布，用铅笔擦印画出侧缝线和吊带款式线。根据款式线修剪多余的布料，留1.3cm的缝份。
- 领结带：其宽度按照所想要完成后的宽度来定，一个翻折后完成的领结带的宽度为2.5cm，则需要将布料裁剪为5.1cm的宽度，再加上缝份量，所以单层的领结带宽约5.1~10.2cm。
- 抚平腰节处的布料，并增加0.3cm的松量（折叠）。
- 将省道余量转到前中线，折叠余量，并倒向侧缝（防止前中心布料太厚），用针固定。

图7

- 将领结带绕道后面，用针固定。
- 将余量缩成褶裥或碎褶，打成蝴蝶结，或者用纽扣闭合。

图8

- 在腰节下留3.8cm的布料，将直丝缕对准后中心，用针固定。
- 沿着腰节，抚平布料，做标记，打剪口，并别合0.3cm的松量（折叠）。
- 用铅笔擦印画出侧缝。
- 标记款式线，修剪多余布料。
- 标记纽扣和扣眼的位置。
- 将衣片从人台取下，修顺曲线。缝合衣片，或者先将衣片转移到纸上进行试样。参考第91页完成纸样。

完成纸样

图9

- 标记纽扣和扣眼的位置。
- 贴边如图中虚线部位所示。
- 关于塔克褶的设计制作，或者如何缝制褶裥，参考第118页。
- 比较纸样和款式图。

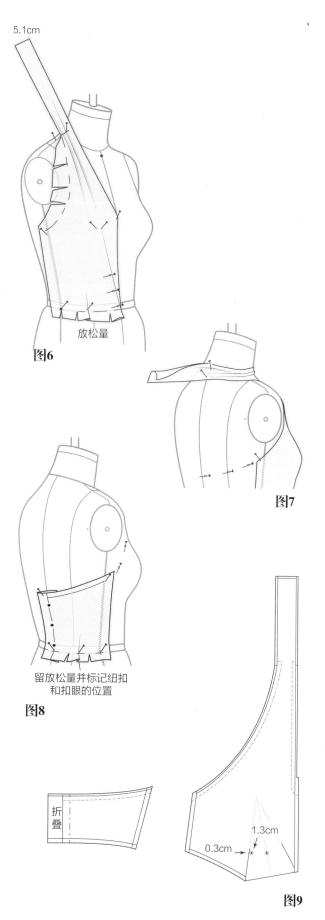

5.1cm

放松量

图6

图7

留放松量并标记纽扣和扣眼的位置

图8

折叠

1.3cm

0.3cm

图9

设计6：高领吊带款式

设计分析

图1

　　这款服装的衣身是箱型的（参考第12章关于衣身的内容），衣身长度为腰带长加12.7cm。侧边有10.2cm的开衩。侧面的省道余量转移到了前领口，后肩部的余量也转到了领口，做成褶。后中线的开口是为了方便穿脱，距后领围中线约有12.7cm。领围线上搭配的是高领，可以用挂钩和扣子进行闭合，或者利用高领的边缘将后中线扣合起来。

　　在腰节系了一条腰带。

准备人台

图2

· 用针在人台上标示出吊带款式线，在肩线上距离颈侧点1.3cm开始标示。在腰节以下12.7cm也做好标记。

图1

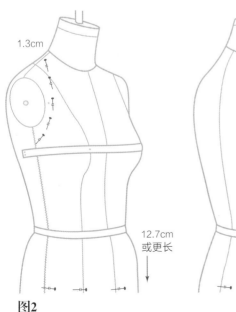

1.3cm

12.7cm
或更长

图2

准备坯布

图3

- 参考第58页准备坯布。
- 测量前后衣身的长度，各加15.2cm = ———。
- 裁剪前后片，只裁剪出后片的领围线，前片不要动。
- 从坯布下端往上15.2cm画一条水平线，作为腰节线。
- 在前后片边缘沿经向折叠2.5cm。

高领斜裁尺寸

- 宽度=7.6cm或者是对折后宽度的两倍。
- 长度=测量人台的颈根围，加5.1cm。
- 领子用斜裁。

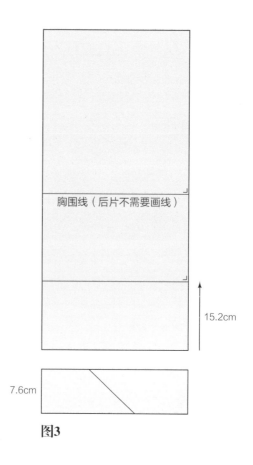

胸围线（后片不需要画线）

15.2cm

7.6cm

图3

立体裁剪步骤

图4

- 将布料上的折线对准人台后中心线，布料下端要超出人台上的下摆标示线2.5cm。往上抚平布料，一直到后领围。按图示裁剪后领围，用针固定。
- 沿着人台上的下摆标示线，将布料沿横丝缕向抚平，固定0.3cm的松量（折叠）。继续抚平布料，一直到侧缝，并在侧缝留出1.3cm的松量，做好标记，用针固定。
- 沿着侧缝往上，抚平袖窿和肩部的布料，用针固定。
- 标记肩线。
- 用铅笔印画出侧缝线。
- 在袖窿和侧缝处各增加1.3cm的松量。
- 修剪多余布料。
- 将衣片从人台上取下，修顺并确定缝线。

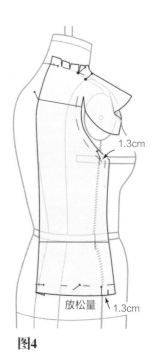

1.3cm

放松量   1.3cm

图4

图5

- 将布料上的折线对准人台前中心，布料下端要超出人台上的下摆标示线2.5cm。用针固定并做标记。
- 沿着下摆标示线放好布料横丝缕，别合0.3cm（折叠）的松量。继续抚平布料，一直到侧缝。
- 在侧臀部增加1.3cm的松量，做标记。
- 提高横丝缕，使之平行于臀围线（所有的余量都转移到了颈部并以褶的形式用针固定下来）。
- 用铅笔画出吊带款式线，修剪多余布料。
- 在侧缝增加1.3cm的松量，修剪余量。

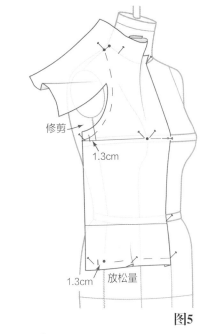

图5

图6和图7

- 将余量做成长为5.1cm的褶。从距离前中心点2.5cm处开始抽褶。
- 在抽褶后的布料上画出领围线。
- 将衣片从人台上取下，修顺抽褶处的曲线（见图7）。
- 在领口上缉两道线，拉紧缝线进行抽褶并打结，后片领口处也这样缝起来。

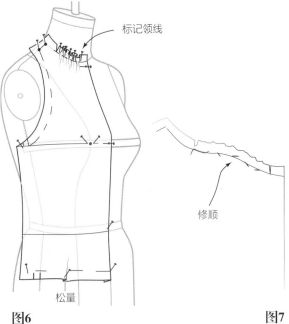

图6　　　　　　　　　　　　　　　　　　图7

图8

- 将斜裁的领子裁片固定在领围线上，略微拉伸一下。修剪领子上多余的布料，在后中心侧留1.3cm的缝份。
- 参考第91页完成纸样。

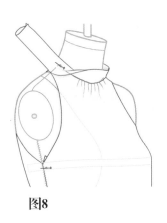

图8

完成纸样

图9

- 在后片侧开衩处留1.3cm到2.5cm缝份。
- 按照阴影区域裁剪贴边纸样。
- 在挂钩部位打剪口。
- 比较纸样和款式图。

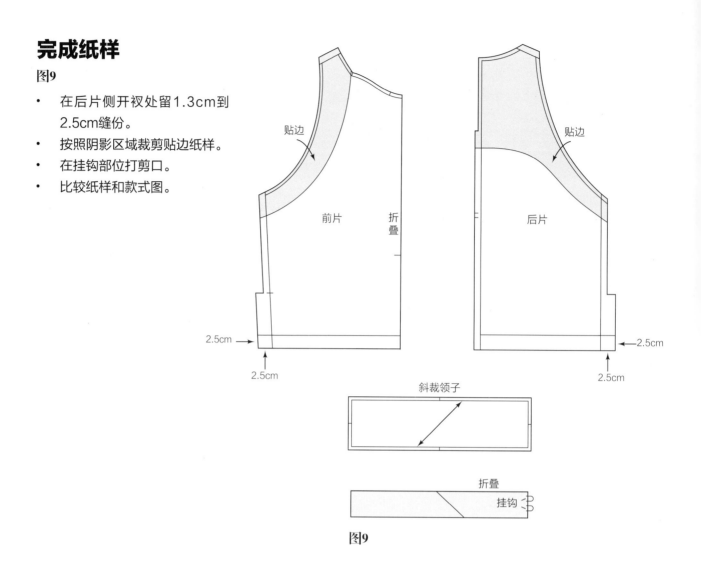

图9

设计7：斜襟款式

　　斜襟款式的两个前片往相对的方向交叠，两侧可以一样也可以不同。斜襟款式可以跟裙子或裤子连起来设计，也可以单独作为上衣。从腰省出来的余量可以设计成褶、褶裥或者分割线。

　　这种服装的胸部是半紧身的——首先去掉了两胸之间的松量。斜襟止口线可以用直丝缕，那么其它部位就用的是斜丝缕。但是也可以让直丝缕跟人台的中心线重合，这样斜襟止口线就会是斜丝缕。贴边应该用直丝缕，以防止斜丝缕拉伸。用斜丝缕裁剪时不用在腰部留松量。

设计分析

图1

  门襟止口用直丝缕，右侧衣片从右边一直延伸到左侧缝，从胸部下面穿过，但是并没有完全按照胸部的廓型走，只是略微塑形。右片余量在处理时，先做成褶裥，后变成褶。左侧片在右片下面经过胸部下端到达右侧，左片省道在胸部下方，余量从缝份中转了出去。腰部不需要加放松量，因为沿着腰节方向的斜丝缕会有拉伸。后衣身的领围线从后颈点往下降了将近2.5～1.3cm。开口可以用拉链或者纽扣。

  思考b款的设计，从腰节下的裙摆开始往上看，跟a款相比有五个不同点。让它不同与a款的特征还有哪些呢？

a   图1   b

准备人台

图2

前片

- 去掉胸部的带子，方便立裁塑形。
- 距肩点2.5cm用针做标记，在两边侧腰点往上5.1cm的侧缝上用针做标记。

后片

- 用针标出款式线，从肩部公主线的标记开始，到后中线往下3.8cm标出曲线。

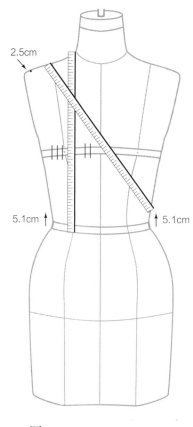
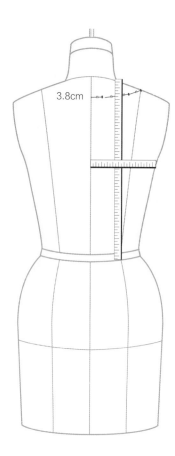

图2

准备坯布

图3

前片

- 从肩部公主线点，沿着人台的形状，量到另一侧的侧缝，加12.7cm=_____。
- 测量肩颈点到腰节的长度，加7.6cm=_____。

后片

- 测量肩颈点到腰节的长度，加7.6cm=_____。
- 测量后中心到侧缝的宽度，加7.6cm=_____。

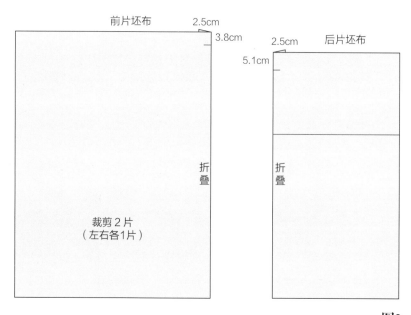

图3

立体裁剪步骤

前片（从右往左）

图4

- 将折叠好的坯布直丝缕对准肩部公主线位置点，穿过胸部下方，让布料合体而不紧绷，将余量固定在左侧缝。在左侧缝上别合一个褶裥，固定住余量。

图5

- 沿着肩部、袖窿和侧缝抚平布料，打剪口，做标记，修剪布料，用针固定。
- 标记袖窿深，在侧缝外侧增加1.3cm的放松量（如果是无袖款式，袖窿中点不需要放松量）。
- 沿着侧缝和腰节抚平布料，打剪口，做标记，修剪布料。将余量推到人台的左侧缝，用针固定。
- 标记侧缝和腰节。

图6

- 抚平侧缝处的余量。
- 从侧缝的第一个褶裥往下约2cm折叠一个褶裥，褶裥量为2.5cm。
- 将剩余的量做成褶用针固定。
- 将衣片从人台上取下，去除缩褶上的针，但是褶裥上的针不要去。修顺缩褶部位的线条，用滚轮压过褶裥，以便将内折的部分也做上标记。

前片（从左往右）

图7

- 将折叠好的坯布直丝缕对准左肩部公主线位置点，穿过胸部正下方，将布料固定在右侧缝。
- 沿着肩部、侧缝和腰节，一直到另一侧的公主线，抚平布料，打剪口，做标记，修剪布料。

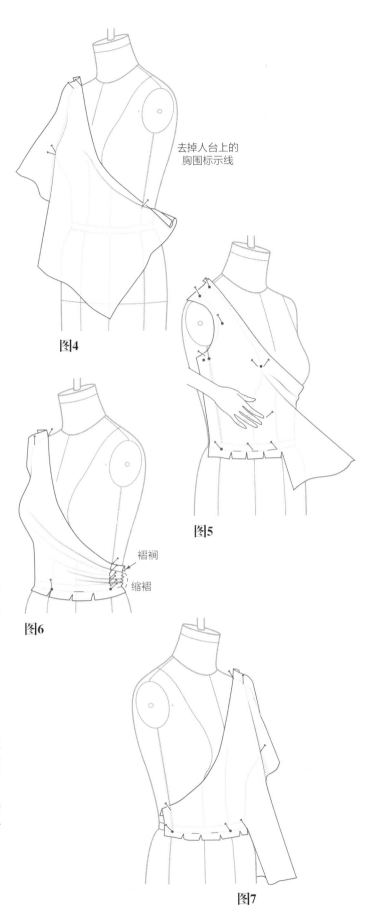

去掉人台上的胸围标示线

图4

图5

褶裥

缩褶

图6

图7

图8

- 沿着袖窿抚平布料，打剪口，做标记，修剪布料。标记袖窿深，并在侧缝外侧增加1.3cm的放松量。标记腰节线。
- 在公主线上捏省道，使服装合体。按照图示修剪。
- 将后片剥离或者从人台上取下来。

后片

图9

- 裁剪后衣身，根据人台上标出的记号裁出下凹的领口。
- 标记袖窿深并在侧缝外侧增加1.3cm的放松量。将衣片从人台上取下，修顺轮廓线，缝合衣片或者转移到纸上进行试样。参考91页完成纸样。

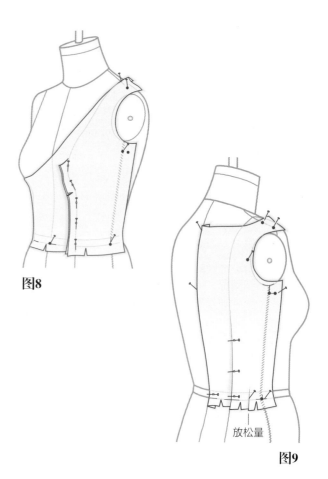

图8

图9

放松量

完成纸样

图10

- 前片和后片纸样的左右形状不同，所以要在纸样上标注上"正面朝上"。这种标注有助于裁剪布料时正确的放置样板。
- 比较纸样和款式图。

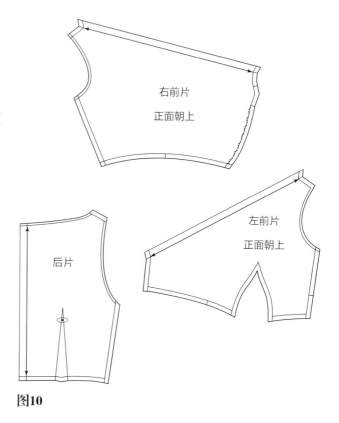

右前片

正面朝上

后片

左前片

正面朝上

图10

设计8：单肩款式

单肩款式的设计将人体一侧的肩部裸露出来，另一侧可以是无袖或者是有袖的。单肩设计可以应用在紧身衣、上衣、连衣裙、礼服和运动装上。本章最后181页图9展示了一些创意变化款式。

设计分析

图1

面料沿直丝缕方向从人体右肩部落到左腋下，构成了单肩服装。上衣的下摆线呈尖角，一边与领围线平行，另一边往上拐，但左右侧缝是一样长的。右侧的省道顺着公主线，起于胸部下端，止于下摆线。左侧的省道余量则设计成上下打开的塔克褶，也在公主线上。这种箱型褶在腰部和胸下部释放出松量。后背用纽扣闭合。尽管左侧的款式线在胸部上面并且也没有经过两胸之间的位置，但胸围标示线在立体裁剪过程中还是要用到的。

图1

准备人台

· 在距离右肩点5.1cm处用针做标记（右边），在左侧袖窿板下5.1cm处用针做标记(左边）。按照图3放好坯布。

准备坯布

图2

· 前片：长81.3cm，宽55.9cm，裁剪坯布。
· 后片：长63.5cm，宽66cm，裁剪坯布（没有图示）。
· 在前后片直丝缕边缘折叠2.5cm。

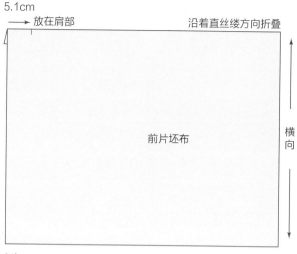

5.1cm
→ 放在肩部　　　　　沿着直丝缕方向折叠

前片坯布

横向

图2

立体裁剪步骤

图3

· 沿布料直丝缕向的折痕留出2.5cm，把布料固定在右肩，然后顺着人台抚平布料，固定左侧。
· 在腰节和下摆的中心用针固定，做标记。
· 用交叉针法固定胸高点。
· 抚平右肩部的布料，标记肩点，用针固定。

右侧片和左侧片

图4

· 抚平袖窿处的坯布，做标记，修剪布料。标记袖窿深点和侧缝线，用针固定。
· 往下抚平侧缝到腰节的布料。在腰节剪开1.3cm的剪口（后面调整合体度）。
· 在腰节别合0.3cm松量（折叠）。
· 抚平臀围线上的布料，用铅笔擦印画出侧缝，在臀围线上留1.3cm的松量。
· 沿着公主线捏合省道，使服装合体。腰围处的省道不要收得太紧，以免使布料出现拉扯，留0.6cm的放松量。

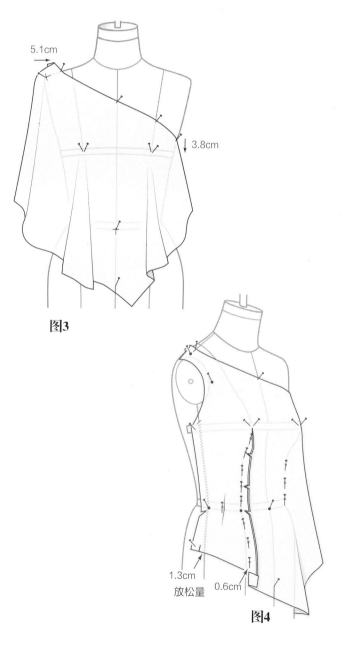

5.1cm

3.8cm

图3

1.3cm
放松量　　0.6cm

图4

- 用铅笔擦印画出省道位置，留1.3cm的缝份，修剪其余布料。
- 在腰节处和胸下的省道线外打剪口，以放松布料。
- 按照公主线轮廓从胸下到腰线，用针别合人台左侧的省道余量（两侧一起），用铅笔擦印画出针参考线和侧缝，标记肩线。

塔克省

图5

- 将左侧的塔克固定针去掉。
- 放开省道余量。A和B表示省道边线，省中线用C表示。

图6

- 将省边线折向中线，用针从胸下至腰节别住两省边线到中线的位置（后面要缝起来）。
- 用针标示出所需要的下摆线长度。
- 剥离后片，或者从人台上取下。

后片立裁

图7

- 后衣身用一整片来立裁，但在最终画纸样时要从后中线断开。按照图示操作。
- 修剪下摆，使之与前片的侧缝匹配，用铅笔擦印画出侧缝。
- 将前片与后片对合，调整腰节和臀部的放松量。
- 将衣片从人台上取下，修顺所有的缝线和省道，缝合衣片或者拷贝到纸上进行试样。参考第91页完成纸样。
- 将后片沿中线剪开。

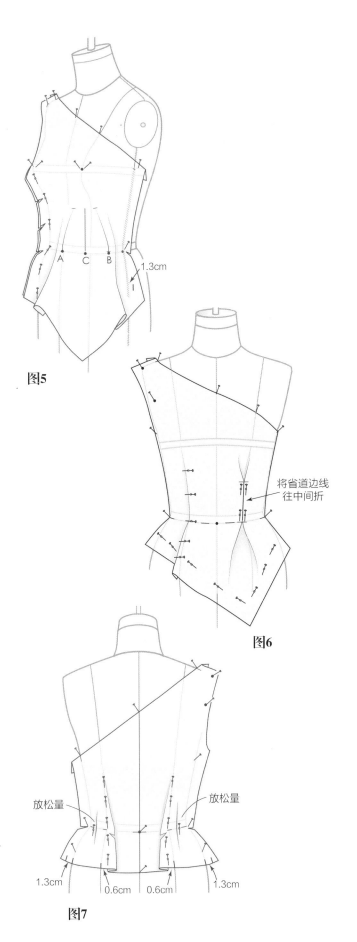

1.3cm

图5

将省道边线往中间折

图6

放松量 　放松量

1.3cm 　0.6cm 　0.6cm 　1.3cm

图7

完成纸样

塔克制作

图8

- 在省道的缝合边线往内0.3cm打孔，在中心线上打孔。
- 打孔位置距离省尖1.3cm。
- 搭门：在后中心两侧各加2cm
- 贴边：按照图中阴影部分拷贝贴边——宽度都是4.4cm。后中贴边宽4.4cm。除了肩线和侧缝放缝1.3cm，所有的边线放缝0.6cm。按图示标记纽扣位置。

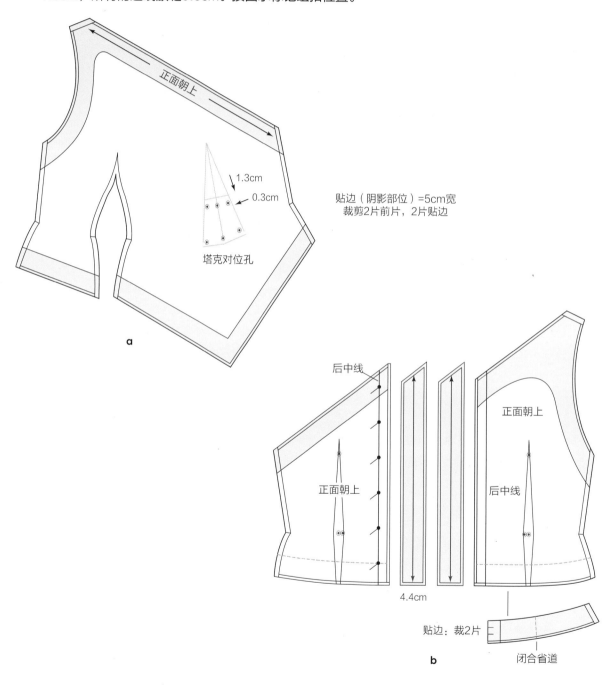

正面朝上

1.3cm
0.3cm

塔克对位孔

贴边（阴影部位）=5cm宽
裁剪2片前片，2片贴边

a

后中线

正面朝上

正面朝上

后中线

4.4cm

贴边：裁2片

闭合省道

b

图8

单肩款式变化设计

图9

    a款和b款在肩部的细节有所不同。a款肩部的褶要想跟衣身连成一体，有两种处理方式。如何处理呢？b款：如果折叠下来的领子延续到后背，这件衣服的开口设在哪里？

a   b

图9

裙子

第8章

裙子在时装设计中非常重要，有的很平常，有的很惊艳。设计师利用立体裁剪的方法能改变裙子的廓型，比如想要性感的样子就让裙子紧贴身体，想要丰满夸张的效果就利用喇叭形、褶和褶裥让裙子离开身体。

不管时尚如何变化——迷你裙也好及地长裙也罢，端庄的女性总是穿着长度刚过膝盖的裙子。在过去，下摆线的流行变化会让之前购买的裙子变成古董。但是如今各种长度的裙子会同时流行，就看搭配其它服装后是不是显得时尚。

裙子的腰节线可以高至胸下的帝政线，也可以低到超过基础腰节线。腰节线不论高低都是让裙子能穿在人身上的重要结构。

关于裙子的立裁，设计师要注意以下几点：

· **下摆幅度**指的是下摆线的宽度。
· 裙子的**活动量**取决于裙子松度设计。
· **转折点**是喇叭形开始悬垂的地方。

四种基础裙形

变化裙子外轮廓与直筒裙的偏离量就可以创作出新的廓型。四种基础裙形是按外形不同来划分的，千变万化的裙子都是从它们变化而来的。它们是：**简裙、A形裙、楔形裙和钟形裙**。

简裙：也叫**直身裙**（a），在腰腹部合体，臀围处最宽，从臀围到下摆呈垂直状态。

A形裙：也叫**三角裙**（b），在腰腹部合体，从臀围往下逐渐呈喇叭状展开，摆幅增加（包括圆裙和喇叭裙）。

楔形裙：也叫**倒三角裙**（c），侧缝轮廓逐渐往里收，呈楔形。

钟形裙：图d，在腰臀部很合体，但从臀部以下某个位置突然增加摆幅，裙子张开。

a 简裙　　　　　　　b A形裙　　　　　　　c 楔形裙　　　　　　　d 钟形裙

腰头

　　裙子（或裤子）的腰围线可以用绱腰头、做贴边或者系带子的方法来修饰。腰头可以加长，用来钉扣锁眼（标准2cm），或者与腰节线等长。下图所列举的例子是用拉链来闭合腰头的。腰头加长的部位可以是尖的也可以是圆的。成品腰头要比实际测量的腰围长1.3cm，另外还要留2cm作为搭接量。裙子在腰围线上有2.5cm的放松量，所以要在腰头上增加1.3cm的松量。

准备坯布

· 测量人台的腰围，或者采用第32页尺寸表里的#2数据。

立体裁剪步骤

图1

· 纵向折叠纸张。

· 沿折边往下3.2cm画垂线，然后画出折边的平行线，量出腰围长度并做标记。在腰围中点做标记。将腰围线延长2cm作为钉扣区域，画出垂线。

图2和图3

· 放1.3cm的缝份量。

· 标记钉扣锁眼的位置。

· 将腰头纸样裁剪下来。

· 按腰头的一半裁剪衬布（阴影区域），并黏合。

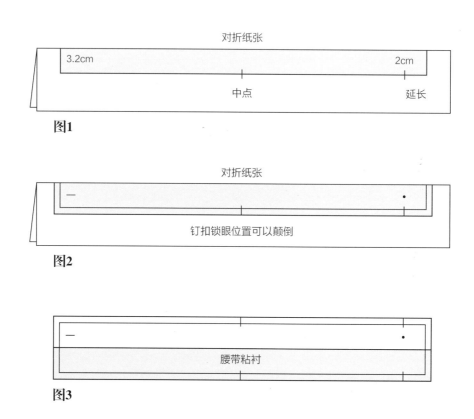

对折纸张

3.2cm　　　　　　　　　　　　　2cm

中点　　　　　　　　　　延长

图1

对折纸张

钉扣锁眼位置可以颠倒

图2

腰带粘衬

图3

喇叭裙（A形裙）

下摆展开的裙子呈A字形。A字廓型是通过将腰部余量转移到裙摆而获得的，这种方法使得布料横丝缕下落，构造出喇叭形。为了使裙子平衡，在侧缝处增加了展开量，多余的松量在腰围线上以省道形式折叠掉。

可以在直身裙的基础上变化出A形裙。运用这种廓型，设计师可以创作出很多变化款。下文将要介绍：摆幅适当的A形裙、基础喇叭裙、摆幅变大的喇叭裙以及圆裙系列。

圆裙可以通过立裁来做，也可以按照"圆裙半径表"和本章稍后介绍的方法（第201页）来完成。

设计1：下摆适中的A形裙

设计分析

摆幅适中的A形裙将腰围处一半的省道量（参考裙子原型的立裁）转移到了下摆，增加了下摆幅度。喇叭形成时布料丝缕下落。为了平衡A形廓型，可以在侧缝处增加摆幅。A形廓型从臀部最丰满处开始到下摆结束。通过在前后片增加分割线，A形裙可以变成4片裙（见第191页图13）。

准备坯布

图1

- 长度：裙长增加7.6cm，裙摆量再加2.5cm。记录：_____。
- 宽度：将布料按直丝缕方向裁成两半，作为前后片。
- 沿直丝缕将前后片边缘向内折扣2.5cm。
- 从布料上端往下量取35.6cm，做标记。画出前后片的HBL。

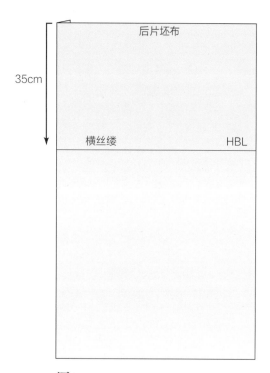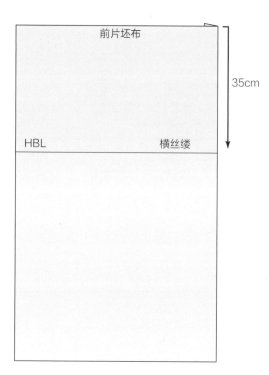

图1

立体裁剪步骤

前片

图2

- 将布料折痕对准人台前中线，按下文用针固定：
  - 对合坯布与人台的臀围线和侧缝线。
  - 前中线腰围中点。
  - 人台底端（临时）。
- 沿着前中心往公主线抚平布料，并修剪布料，标注1.6cm的省道量。

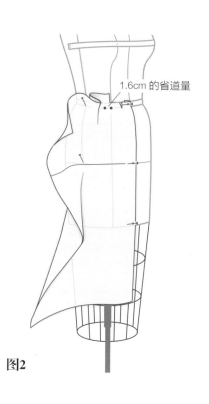

图2

图3

- 折叠并固定省量，别合0.3cm的松量（折叠后）。沿侧腰线抚平布料，打剪口，做标记，用针固定。
- 沿着侧缝从侧腰往下抚平布料，一直到人台底端，标出侧缝。多余的量构成了喇叭形。
- 从腰线向下约7.6cm用铅笔擦印画出臀线。

图4

- 用针别合褶裥（A–B）并测量，在侧缝的底部标记一个相同的量。

图5

- 在侧缝外留2.5cm的宽度，修剪多余布料，在腰节往下7.6cm打剪口，剪口距离铅笔擦印0.3cm。
- 从剪开的位置到人台底部标记处折叠，将折子修剪为2.5cm。

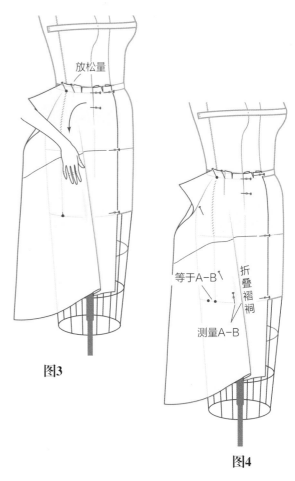

图3

图4

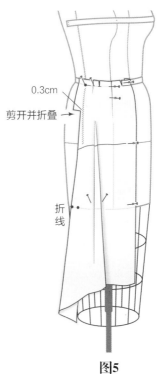

图5

后片

图6

- 将布料折痕对准人台后中线，在后臀围线上、侧缝、腰节中点和人台底端用针固定。
- 抚平从后中线到公主线的坯布，并修剪多余的布料。捏出2.5cm的省道。

图7

- 折叠并固定省道量。别合0.3cm的松量（折叠）。沿着腰节和臀部到侧腰抚平布料，打剪口，做标记，用针固定。
- 沿着侧缝从侧腰往下抚平布料，一直到人台底端，并做标记。
- 别合褶裥（A-B）并测量长度。在人台侧缝的最底端标记相等的量。
- 用铅笔擦印画出从侧腰到臀围线的侧缝线。

图8

- 在侧缝外留2.5cm的宽度，修剪多余布料，在腰节往下7.6cm打剪口，剪口距离铅笔线0.3cm。
- 从剪口开始折叠布料，一直到人台底端，留下折痕。折痕向外留2.5cm。

图9

- 后片缝份不要折叠，将前片侧缝折叠后叠放在后片上，用针固定。下摆线可以设计得跟地面平行。如果需要修正下摆线，调整前后片侧缝的平衡感，放出一些或收紧一点，以调整廓型。

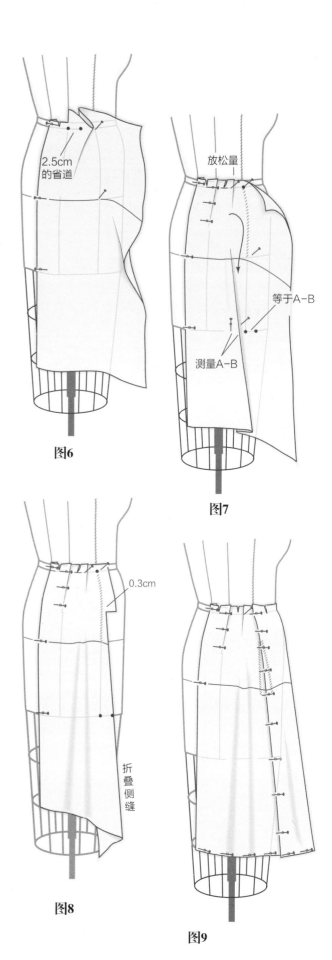

图6

图7

图8

图9

使下摆幅度均衡

图10

- 为防止前后片侧缝处的纱向不一致导致扭曲，按照以下方法来调整侧缝：
  - 将后片放在前片之上，对齐中心线。（虚线表示前后片的侧缝线）
  - 取前后片原来的侧缝线中点，从臀围线到下摆，经过中点画一条线，作为新的侧缝线。

完成纸样

图11~图13

- 前片连裁，后片裁两片（中间绱拉链）。
- 如果要裁剪四片裙，在前中心断开。如果要采用斜裁，从前中心画一条45°的斜线。

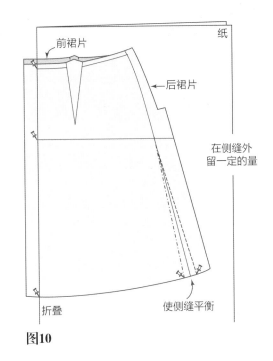

图10

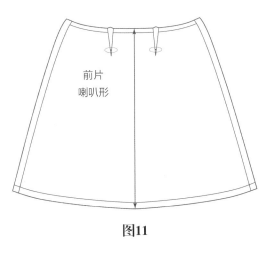

图11

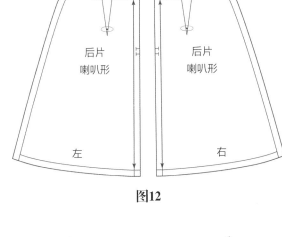

图12

图13

设计2：基础喇叭裙

设计分析

图1

　　基础喇叭裙将腰节处所有的省道量转移到了下摆，因此增加的下摆幅度比基础A形裙要大。喇叭形成的同时布料横丝缕下落。为了平衡A字廓型，在裙子的侧缝处增加余量。在前中心加一条缝迹，这款裙子可以变成四片裙。

图1

准备坯布

图2

- 长度：裙长加12.7cm，再加2cm的下摆缝份量。
- 宽度：面料幅宽的一半。裁剪两片作为前后片。
- 将前后片边缘沿直丝缕向内折扣2.5cm，压出痕迹。
- 从上往下量12.7cm做标记，在此基础上再量22.9cm，画出前片的横丝缕。后片按同样方法准备。

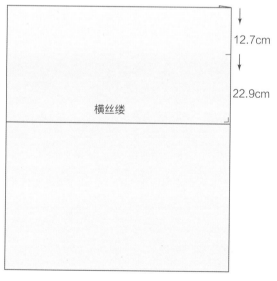

横丝缕

12.7cm

22.9cm

图2

立体裁剪步骤

前裙片

图3

- 将布料折痕对准人台前中线，固定以下部位：
  - 将HBL线（横丝缕）对准人台上的中线和侧缝。
  - 前腰中心点。
  - 人台底部（临时固定）。
- 从前中心到公主线抚平腰节线上的布料，修剪多余布料，打剪口，用针固定。

图4

- 在腰节线上别合0.3cm的松量（折叠）。抚平腰臀部的布料，标出侧腰点，用针固定。
- 将余量推至人台底端，固定并做标记。
- 用铅笔擦印画出从侧腰点到臀围线的侧缝。
- 将出现的喇叭捏在一起，测量A-B的距离。在人台底端侧缝往外量出一样的长度。
- 修剪侧缝，留2.5cm的量，在侧腰点往下大约7.6cm处停住。
- 打剪口，剪口末端距离铅笔擦印0.3cm。
- 按照侧缝标记点折叠布料。

后裙片

图5

- 按照前片的立体裁剪方法做后片。
- 用针将布料固定在人台上。抚平坯布到公主线，并修剪余量。

图6

- 抚平从HBL腰/臀部到侧缝的布料，修剪余量，打剪口。
- 将余量往下推，同时横丝缕下落，形成喇叭。别合喇叭，测量喇叭宽度A-B。
- 修剪侧缝，留2.5cm的量，在侧腰点往下大约7.6cm处打剪口，剪口末端距离铅笔擦印0.3cm。根据布料上的标记点折叠布料，做出喇叭。
- 注意：可按照公司的标准进行。

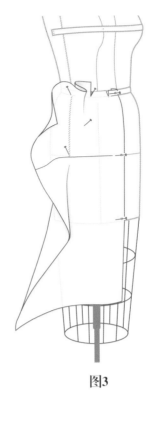

图3

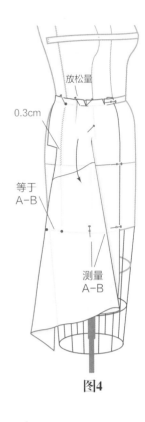

放松量

0.3cm

等于
A-B

测量
A-B

图4

打剪口

图5

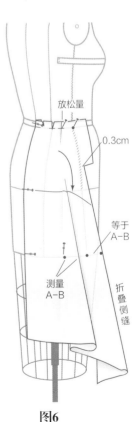

放松量

0.3cm

等于
A-B

测量
A-B

折叠侧缝

图6

图7

- 后片的侧缝不要折叠，将前片的侧缝放在后片之上，用针别合。使下摆线与地面平行。
- 修正侧缝曲线，如有必要，可以将侧缝放出或者收进，直到平衡为止。
- 斜裁的方法参考199页和200页，斜裁前要让布料悬挂一夜。

图8和图9

- 将裙片从人台上取下，修顺线条。缝合裙片或者先转移到纸上进行试样。
- 使侧缝平衡（参考第191页图10）
- 如果要用斜裁方法制作这款裙子，从前中线画一条45°的斜线。

图10和图11

- 如果要制作四片裙，在前中心增加一条分割线。

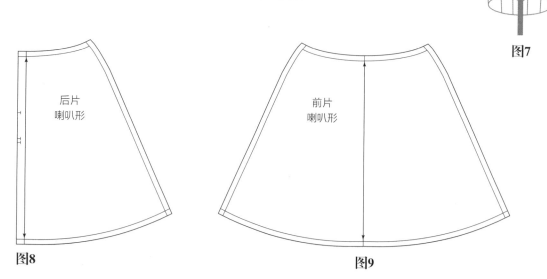

图8　　　　　　　　　　　　　　　　　　图9

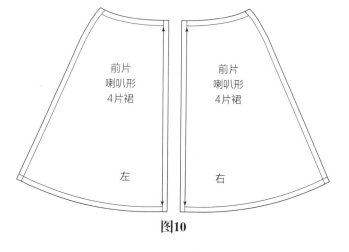

图10

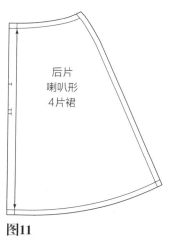

图11

设计3：下摆幅宽大的喇叭裙

设计分析

图1

这款喇叭裙下摆幅度比基础喇叭裙要大。为了增加下摆量，在裁剪时沿着腰节线打剪口，让布料横丝缕下落，形成喇叭，每个喇叭都会让下摆量增加。后片可以按前片一样的方法裁剪或者先将前片拷贝下来，再调整成后片。

图1

准备坯布

图2

- **长度：**裙长加2.5cm的下摆缝份，再加15.2cm作为裁剪腰部时打剪口并让下摆产生波浪的量。
- 从布料顶端往下量15.2cm，做标记，然后要跟前片腰围线中点进行对合。
- 画出臀围线。
- **宽度：**坯布幅宽的一半做前片，另一半做后片。下摆幅度较大时需要更宽的布料。翻到199–201页可以看到如何使用半径表制作圆裙。
- 按上文给出的长宽裁剪布料，将布料边缘沿直丝缕向内折扣2.5cm，压出折痕。从布料上端往下量17.8cm，画一条横线，在立裁时这条线要跟人台上的臀围线对齐。根据前片来制作后片的方法参考第198页。

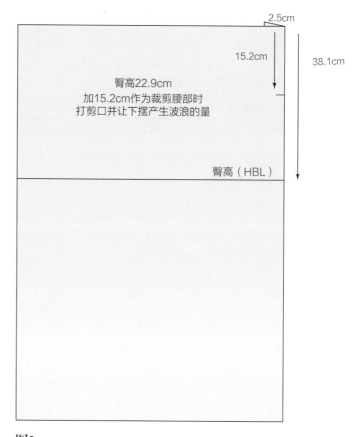

图中标注：2.5cm，15.2cm，38.1cm

臀高22.9cm
加15.2cm作为裁剪腰部时
打剪口并让下摆产生波浪的量

臀高（HBL）

图2

立体裁剪步骤

图3

前片

- 将布料上的折痕对准人台前中心，用针固定下面的部位：
  - 将布料上的臀围线跟人台上的臀围线对合。
  - 固定前中线。
  - 固定人台底部。
- 沿着腰节线抚平前中线到公主线之间的布料。
- 修剪腰节线上的布料，留1.3cm的缝份量，在公主线上打剪口，这个点是起波浪的地方。
- 在公主线和侧缝线上用针固定。

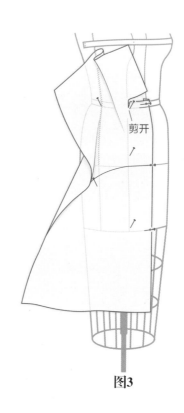

剪开

图3

图4

- 以腰节线上的剪口为轴，把布料往下拉，横丝缕往下落，直到出现合适的波浪为止。抚平波浪侧面的布料，并用针固定。
- 别合波浪（A-B）并测量其长度，然后去掉针。
- 重复以上步骤以控制每个波浪的宽度。

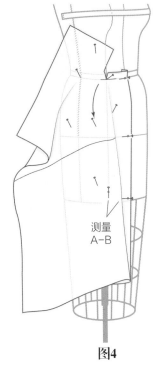

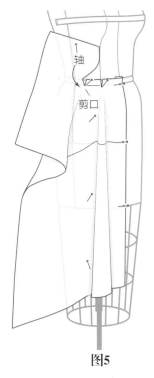

图5

- 沿着腰节线抚平布料到下一个波浪位置，打剪口，用针固定。

图4

图5

图6和图7

- 以剪口为轴把布料往下拉，横丝缕往下落，直到波浪等于A-B为止，别合波浪。在波浪侧面用针固定。
- 在侧缝线上标注出人台底部的位置。
- 从刚才标注的点往外量取A-B，做标记。
- 用铅笔擦印画出臀围线以上的侧缝。
- 将布料按照A-B的标注点向内折扣至腰节，这便形成了临时的侧缝。在腰节上标记。
- 在临时侧缝处留3.8cm的缝份量，修剪多余布料。
- 如果想用前片来画后片纸样，参考第198页。

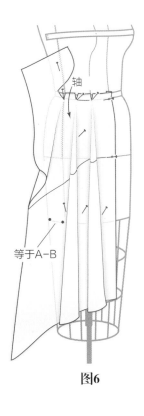

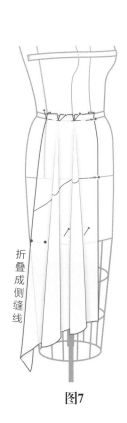

图6

图7

根据前片获得后片纸样

图8

• 将前片从人台上取下，修顺腰节线和侧缝线，在腰节线上留1.3cm的缝份量，侧缝留2.5~3.8cm的缝份量，修剪多余布料。

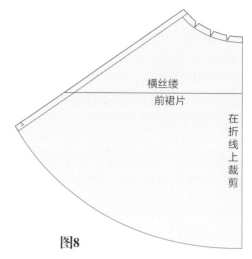

图8

图9

• 将前片放在另一块布料之上，对齐后中线和臀围线，用针固定。

• 根据前片拷贝出后片，按照图示，在腰节和侧缝各留1.3cm的缝份量。去掉针。

• 将后衣片放在人台上，对准中心线和臀围线，用针固定。沿着腰节线抚平布料，并加入腰部松量，在侧腰点用针固定。标记出腰节线和新的侧腰点。将前片固定到人台上，前侧缝搭在后侧缝上，用针固定，标记出下摆线，修剪多余布料。

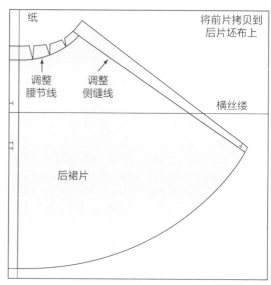

图9

后片

图10

• 按照前片的立裁方法制作后片。

• 前侧缝搭在后侧缝上，用针固定。前后片的横丝缕应该在侧缝处相交。如果不相交，重新折扣侧缝，直到相交为止，用针固定。

• 将裙子悬挂一夜，让斜丝伸展开。在画出下摆线和修剪多余布料之前先看看裙子是否合体，是否平衡。

• 在纸张上标出在折线上裁剪，或者在前后片中线加上缝份量。

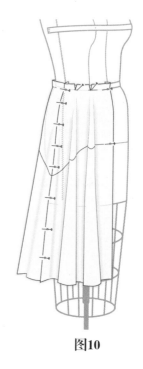

图10

圆裙和半径表

圆裙可以按照第196页给出的方法来作立裁，或者使用第201页的圆裙半径表来准备坯布。半径表给出了画各款圆裙腰节线的半径。这是制作圆裙非常简便的一种方法。

布料纱向、斜丝缕和波浪

图1和图2

圆裙的纱向可以分为斜丝缕、直丝缕和横丝缕——在同一款裙子中它们相互影响。波浪在直丝缕边下落，在斜丝缕部位产生大量的褶裥。设计师可以通过改变布料的丝缕方向来控制下摆波浪的位置。图中画了纱向的三种放置方法（前中线、裙片中间或者距前中线四分之三处），并以四片裙为例，给出了相应的效果图。

- 丝缕向1（纸样的前中线）产生两个波浪：一个在前侧面，另一个在侧缝。
- 丝缕向2（前面和侧面之间）有两个波浪：一个在前中线，另一个在侧面。
- 丝缕向3（在侧面和直丝缕之间）有三个波浪：在前面、侧面和中间。

图1

悬挂圆裙

圆裙斜丝缕部位的下摆容易拉伸。裙子应该被放在人台上，或用针固定在直杆的衣架上放置一晚上。这样可以允许斜向的纤维拉伸，形成一个不均匀的下摆。用针或划粉对下摆重新标记，从地面向上测量，这样下摆就会与地面平行。把裙子从人台上取下来，将针标记处用铅笔擦印画出，去除针，铅笔擦印或划粉线就会和下摆线混合到一起。修剪下摆，然后将裙子放在纸上描绘，如果一个纸样做成了，将裙子放到纸样上面，按照修正的下摆线重新描绘。

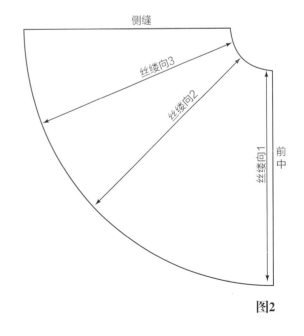

图2

挂重力袋子

图3

为了帮助拉伸斜丝缕，在下摆固定一些重力袋子。这些重力袋子可以用5.1cm×7.6cm布料包裹石头或其它有重量的东西来充当。每个袋子应该等重，并间隔10.2cm固定在1.8m长的斜纹带上。

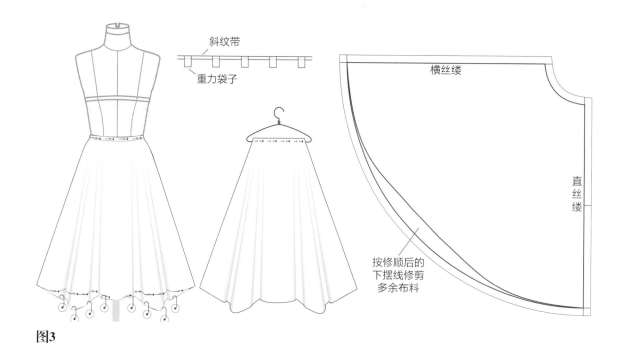

图3

部分圆裙的制图

图4

将圆裙设计成四片（a），共同构成一个圆。去掉四分之一＝四分之三圆裙（b）；去掉四分之二＝半圆裙（c）。内圆弧等于裙子的腰围尺寸（腰头）。

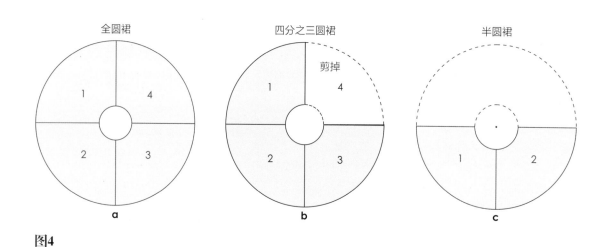

图4

圆裙半径表

这张表提供了一种快速找到圆裙半径并进行绘制的方法。但如果圆裙的下摆不是平行于地面而是不规则的，那么请不要用这张表。

如何使用表格

第1列

测量圆裙缝纫需要的长度，例如腰围。把这个尺寸放到第一列（如果没有对应的数值就找最相近的，比如实际尺寸是5.7cm，就用表中的5.1cm）。

第2、3、4列

每一列给出了圆裙的类型（1/4、1/2、3/4和全圆裙）。

先在第一列找到想要的数据，再横着选择圆裙类型，纵横相交的数据就是圆裙的半径。

半径

半径是根据圆裙的类型来确定的。

上标（+）和（−）代表在原来数据的基础上增加或减少0.2cm。

第1列 腰围	第2列 1/4圆裙	第3列 1/2圆裙	第4列 3/4圆裙	第5列 全圆裙
2.5	1.6	0.6+	0.6−	0.3+
5.1	3+	1.6+	1.3−	1−
7.6	4.8+	2.2+	1.6	1.3−
10.2	6.4+	3+	2.2−	1.6
12.7	7.9+	4.1−	2.9−	1.9+
15.2	9.5+	4.8+	3.2+	2.2+
17.8	11.5−	5.7−	3.8	2.9
20.3	13−	6.4+	4.1+	3.2+
22.9	14.6−	7.3	4.8+	3.5−
25.4	16.2	7.9+	5.4	4.1−
27.9	17.8	8.9	6−	4.4
30.5	19.4	9.5+	6.4+	4.8+
33	21+	10.5	7	5.4−
35.5	22.5+	11.5−	7.3−	5.7−
38.1	24.1+	12.1+	7.9+	6
40.6	25.9−	13−	8.6+	6.4+
43.2	27.3+	13.7−	9.2−	7−
45.7	29.2−	14.6+	9.5+	7.3
48.3	30.8−	15.6	10.5−	7.6
50.6	32.4−	16.2	10.8	7.9+
53.3	34	16.8+	11.4−	8.6−
55.8	35.6	17.8	11.7+	8.9
58.4	37.1+	18.4+	12.4	9.2+
61	38.7+	19.4	13−	9.5+
63.5	40.3+	20	13.3+	9.8+
66	41.9+	21+	14+	10.5
68.6	43.5+	21.9−	14.6−	11.1−
71.1	45.1+	22.5+	14.9+	11.4−
73.7	47−	23.5	15.6+	11.7
76.2	48.6−	24.1+	16.2	12.1+
78.7	50.2	25.1	16.8−	12.4+
81.3	51.8	27.6+	17.1+	13−
83.8	53.3	26.7	17.8	13.3
86.4	55+	27.3+	18.4−	13.7−
88.9	56.5+	28.3	19.1−	14+
91.4	58.1+	29.2−	19.4	14.6
94	59.7+	29.8+	20−	14.9
96.5	61.3+	30.8−	20.6−	15.6−
99.1	63.2−	31.4+	21+	15.9
101.6	64.8−	32.4−	21.6	16.2
104.1	66.4−	33.3−	21.9+	16.5+
106.6	67.9	34	22.5+	16.8+
109.2	69.5	34.6+	23.2	17.5
111.8	71.1	35.6	23.8+	17.8
114.3	72.7+	36.2+	24.1+	18.1+
116.8	74.3+	37.1+	24.8	18.7−
119.4	75.9+	37.8+	25.1+	19.1−
121.9	77.5+	38.7+	25.9−	19.4
124.5	79.1+	39.7−	26.4+	19.7+
127	81−	40.3+	27	20+

设计4：全圆裙

设计分析

图1

　　可以在坯布或纸上绘制全圆裙、3/4圆裙和半圆裙的纸样。在画出其它裙子前首先练习全圆裙的裁剪方法。

　　注意：层叠裙是按这个公式立裁的。

　　下图的裙子是全圆裙，腰围66cm。你也可以用自己的腰围尺寸。

图1

应用公式

腰围	66cm
由于拉伸减去2.5cm数*	63.5cm
加上2个缝份量（变化量）**	5.1cm
合计	**68.6cm**

*拉伸量见下文
**增加的缝份量见下文

- 以68.6cm为基础数据，选择全圆裙对应的半径。
- 画出的半径即为腰围线。由于在侧缝上有缝份量，需要在记录的半径数值基础上减去1.3cm的量。
- 例如：表格中全圆裙的半径是11.1cm，减去1.3cm的缝份量，得到半径是8.6cm。
- 算上下摆缝份量（1.3~2.5cm）总裙长是63.5cm。
- 参考186页画出腰头。

拉伸量

- 疏松的梭织布料，尤其是雪纺，拉伸量基本大于2.5cm。
- 为了确定弹性量，按照表中的半径裁剪一片样本裙片并用尺子进行测量（但是不要拉布），量出伸展的量，在原有的半径基础上减去拉伸量。

增加缝份量

- 如果裙子是三道缝份（每片缝份量为1.3cm）就增加7.6cm，如果是四条缝份，就增加10.2cm。
- 图1画的全圆裙有三层。利用全圆裙的制图方法完成整个设计。

全圆裙、3/4圆裙、半圆裙

为了方便画圆，204页画了一种测量工具。
参考第186页绘制腰头。

准备坯布或者纸张

全圆裙

图2

- 将布料叠成方形以备在上面画圆,布料的长度为裙长加半径再加3.8cm，共长=_____。
- 裁下布料或纸，对折，再对折，在交点标出X。
- 标记：X到Y=半径。记录：_____。
- 标记：Y到Z=裙长。记录：_____。
  接下来按下页介绍的方法进行。

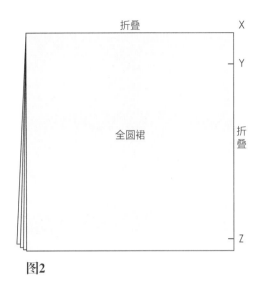

图2

3/4圆裙

图3

- 按照上图准备全圆裙的方法准备布料。先按照3/4圆裙的半径裁剪，再减掉整个圆弧底四分之一。接下来按照后页介绍的方法来做。
- 标记：X到Y=半径。记录：_____。
- 标记：Y到Z=裙长。记录：_____。
  接下来按下页介绍的方法进行。

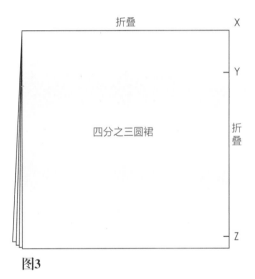

图3

半圆裙

图4

- 长度：在裙长和半径的基础上加上3.8cm。
  宽度：是长度的两倍。
- 布料对折，并裁剪，交点记为X。
- 标记：X到Y=半径。记录：_____。
- 标记：Y到Z=裙长。记录：_____。
  接下来按下页介绍的方法进行。

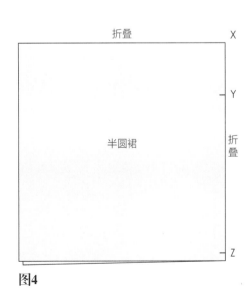

图4

画圆弧的技巧

图5

- 用锥子在旧皮尺上2.5cm刻度上扎一个孔，记为X。
- 按照下面的数据加2.5cm，并扎孔：
  - X到Y=半径。
  - Y到Z=裙长。

图6

- 用图钉将皮尺上的X点钉在布料或纸张上的X点上。
- 把铅笔放在Y孔上，画出腰围线。

图7

- 把铅笔放在Z孔上，画处裙子的下摆线。
- 将裙片从纸张上或面料上剪下来。

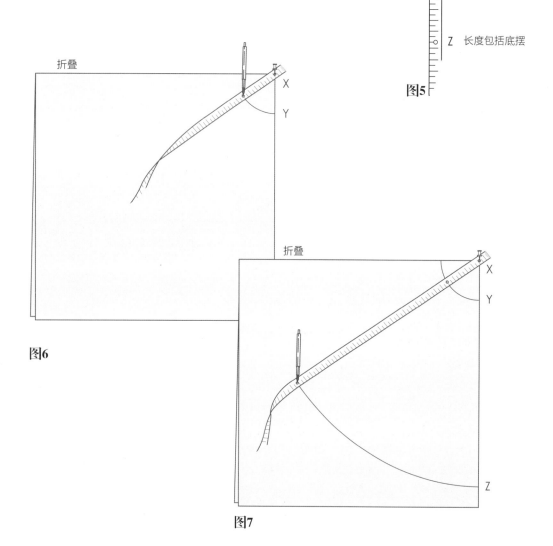

尺子
用锥子扎出下面的孔

2.5cm

X

Y   半径

Z   长度包括底摆

图5

折叠

X

Y

图6

折叠

X

Y

Z

图7

裁成两片的全圆裙

图8

- 在另外一块布料上拷贝出对称的纸样，标出缝迹、底摆、拉链和丝缕线。

- 修正：将前腰节中心点往上抬0.6cm，画出圆顺的新腰节线。将后腰中心点往下降0.6cm，画出圆顺的新腰节线（见虚线部分）。将裙子悬挂一夜（见第200页图3）。将底摆修剪得平行于地面。

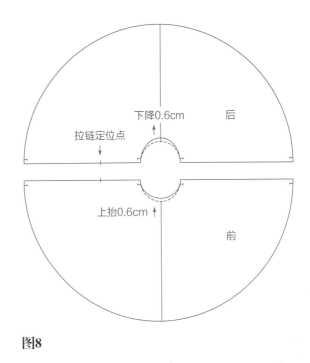

图8

裁成四片的全圆裙

图9

- 将整个圆从坯布或纸张上裁下来。

- 根据加到圆半径上的缝份数将整圆均分成裙片。

- 在缝迹线、下摆线、拉链位置上打剪口，并标出丝缕线。丝缕向选择方法见第199页。

3/4圆裙

- 将整圆裁下来后，去掉四分之一，然后对折，作为侧缝。

- 在缝迹线、下摆线、拉链位置上打剪口，并标出丝缕线。如果将裙子裁成四片，可以参考第199页确定丝缕向位置。

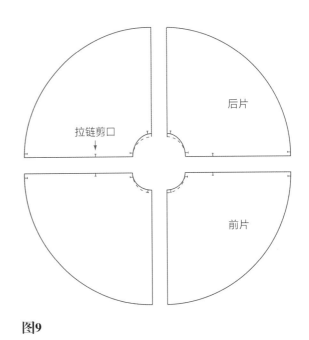

图9

半圆裙

- 将整圆裁下来后，将布料对折裁剪。

- 在缝迹线、下摆线、拉链位置上打剪口，并标出丝缕线。如果将裙子裁成四片，可以参考第199页确定丝缕线位置。

设计5：弧线偏移的圆裙

下摆不对称的圆裙

图1

不对称的下摆让服装显得引人注目。下摆可以有多种变化形式，最常见的是手帕式下摆（下摆上有尖角）。将裙片的直丝缕或横丝缕往下垂就可以得到不对称下摆，或者用偏移的弧线来做出渐变的弧形下摆。弧线偏移的圆裙开口可以设计在腰节线上的的任何部位。

准备坯布或纸张

下面举了个例子，你也可以用自己设计的尺寸：

- 腰围=66cm，少了2.5cm的拉伸量（根据面料来定）
- 在圆裙半径表中找到全圆裙的半径=11.1cm
- 裙长：最短处=45.7cm
    最长处=71.1cm
    总长=116.8cm
    加上两倍的半径=139cm
- 布料的长和宽都按上面的数据裁剪，是一块正方形。
- 将布料对折再对折，中心点记为A。

图1

制图步骤

图2

先画出下摆线，再画腰围线。

- 按下面的步骤画图：
  - 下摆线在Z点开始画。
  - Z到Y等于最短的裙摆。
  - Y到X等于腰围半径。
- 沿着下摆弧线修剪布料。

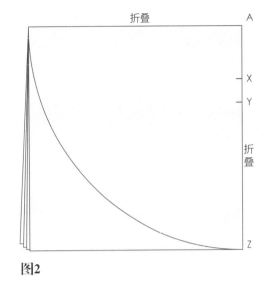

图2

图3

- 将布料或纸张按X点重新折叠。
- 从Y点开始画出腰围线。
- 画出外轮廓线（按虚线画）。
- 沿着腰围弧线修剪布料或纸张。

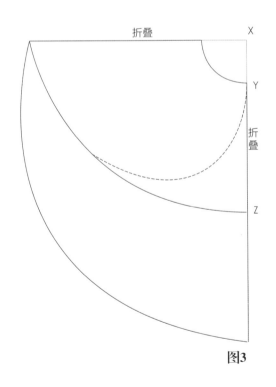

图3

图4

- 修剪新的弧线。
- 打开纸样，沿折边剪开。
- 如果要做出层次感，就再次修剪外弧线，直到满意为止（如虚线所示）

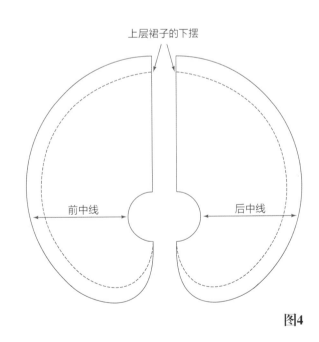

图4

变化款：腰部带褶的圆裙

圆裙也可以带褶，只需要加大腰节尺寸。加大的量应该按整个腰围的比例来计算。比如，腰围是66cm，那么就可以增加3.8m或者更多倍的量来做成褶裥。

变化款：由两个或更多圆构成的圆裙

用雪纺或其它柔软的面料制作圆裙时往往需要更多的松量，可以通过把腰围尺寸分割成几个圆来实现。在分割时要注意加上缝份量。在第201页的表中第一列找到相应的尺寸，减去1.3cm。参考第204页图5，用皮尺画腰线和下摆线。

变化款：裙长大于布料幅宽的裙子

图5

在制作长的圆裙时，如果裙长大于布料的幅宽，就需要加入一个插片。这种插片处理在晚礼服、家居服和婚礼服中很常见。下图是用小块纸样来补全长裙纸样的例子。

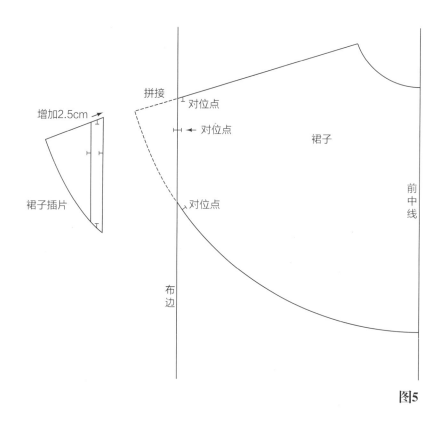

图5

褶裥裙

褶裥是折叠布料后形成的松量。褶裥增加了运动空间（比如在直筒裙上加一个褶）或者也可能成为裙子、衣身、连衣裙和外套的设计特征。褶裥可以是折叠的，熨烫或不熨烫的，缝住或不缝住的。褶裥可以跟中心线平行也可以有一定的倾斜角度。

做褶裥的方法

褶裥深度

图1

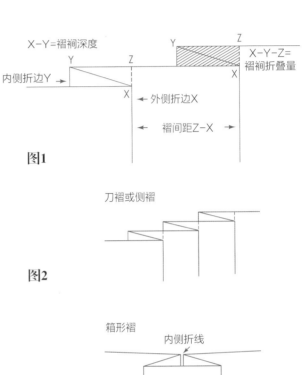

图1

- 褶裥深度是指褶裥的外侧折边的距离（图示X到Y，阴影区域）。

- 褶裥折叠量通常是褶裥深度的两倍（X到Y到Z）。比如：一个褶裥深度是5.1cm，等同于折叠量为10.2cm。

- 褶间距是褶与褶之间的距离。褶间距在纸样中这样标示：

  - X–Y=褶裥深度；X–Z褶裥折叠量

  - X–X=褶间距

褶裥类型

图2

- **刀褶（顺凡褶）或侧褶（顺凡褶）**：所有的褶都倒向同一个方向。

图2

图3

- **箱型褶**：在衣服正面从两侧向中间折叠，形成闭合的褶裥，闭合折线在内。

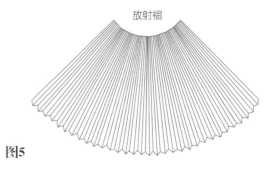

图3

图4

- **阴褶**：在衣服正面从两侧向中间折叠，形成闭合的褶裥，闭合折线在外。

图4

图5

- **放射褶**：从腰节往下摆散开。一般用化纤面料或是化纤含量超过50%的混纺面料来做放射褶。

图5

设计6：全褶裙

全褶裙的整个裙子全部用规律的褶裥来制作或者用打褶机来完成。一般来说，把裙子送出去打褶会比制造商自己打褶便宜一些。专业打褶机可以制作各种形式的褶裥，各种合体度，各种尺寸，各种长度的需求都能满足。对于量身定制的服装，打褶的方法要根据布料幅宽和结构来定。

设计分析

图1

这款裙子的臀部布满褶裥，褶裥间距为5.1cm，褶裥从腰节往下17.8cm都缝合起来。褶裥深度在臀围线上确定（臀部最宽处），向腰围线方向逐渐增大，贴合人体。这款褶裥裙的布料用量最容易估算，直接估算出来比在人台上裁剪更方便。

需要的尺寸

使用前面算出来的尺寸（第32页尺寸表），也可以用下面给出的尺寸。

部位	例子
腰围（#2）	76.2cm
臀围（#4）	101.6cm
裙长（包括下摆和腰线缝份）	73.7cm

- 确定褶裥数量。比如20个裥。
- 确定褶裥深度，可以任意设计。比如：3.8cm×2=7.6cm褶裥折叠量。
- 用臀围尺寸（101.6cm）除以褶裥数量（20）确定褶间距。按这个数据得到的褶间距是5.1cm。

图1

设计裥

图2

- 先留出缝份量1.3cm（记为A）再开始做褶裥标记。
- 测量并标出裥深度（记为A到B），等于一半裥的折叠量。B到C等于褶间距，做好标记。
- 测量裥的折叠量（记为C到D）。
- 重复以上步骤直到最后一个褶裥。最后的褶裥是G到H（裥折叠量A到B的另一半），要留出缝份量。

- 在缝合两块布料时，要估算好裥的深度和缝份的处理。
- 留好缝份量，剪掉多余的布料。

图3

- 下图展示了裥裙拼缝的例子，在裥的折叠部位做好对位点。

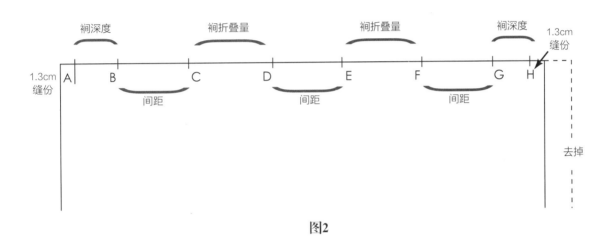

图2

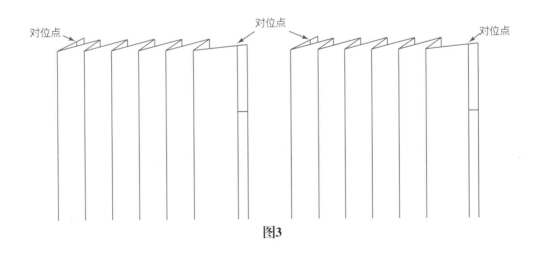

图3

根据腰围调整裥大小

图4

裥先要根据臀围最宽的部分来确定，然后通过分配臀腰差来调整大小，使裙子合体。比如，如果腰围是76.2cm，臀围是101.6cm，臀腰差是25.4cm，除以20个裥量，得出每个裥要分配1.3cm的省道量（从X和Z分别出去0.6cm）。

图5

从腰线到臀围线将裥缝合固定的例子。

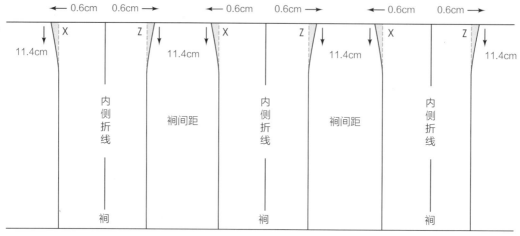

←0.6cm 0.6cm→   ←0.6cm 0.6cm→   ←0.6cm 0.6cm→

X   Z   X   Z   X   Z

11.4cm   11.4cm   11.4cm   11.4cm

内侧折线 裥间距 内侧折线 裥间距 内侧折线

裥

图4

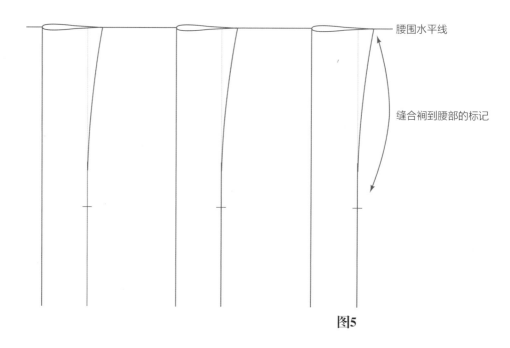

腰围水平线

缝合裥到腰部的标记

图5

育克裙

　　裙子育克指的是裙子的上半部分。育克与裙子下半部分通过缝线连接。裙子下半部分可以设计成合体的，带褶的或者是喇叭形的。育克部分紧贴身体，并且没有腰省，宽度一般为8.9~10.2cm。再宽一些的育克要么有腰省，要么余量被转移到育克边缘形成波浪。育克有很多变化形式，有平行于腰节的，也有不对称分割的。育克也可以与褶和裥缝合，连接衣身，用在连衣裙设计上。（见图1的设计a）

设计7：带褶裥的喇叭状育克裙

设计分析

图1

　　这款裙子的前后片各有六个褶裥。前中心有一个箱形裥，从育克线往下张开，到下摆变得很宽（见图1的设计b）。注意：圆裙半径表对于带育克的特殊款式并不适用，因为下摆处的喇叭不均匀。

a　　　　　b　　　　　c

图1

准备人台

图2

按照给出的尺寸，用针或者标示带标出前后片的育克分割线。

准备坯布

下面的尺寸前后片都可以用。

- 育克：
  - 宽度=25.4cm
  - 长度=16.5cm
- 裙身：参考215页裙子的立体裁剪方法：
  - 裙长（自由设定），加22.9cm，再加2cm的下摆缝份。
  - 宽度=面料幅宽的四分之三。

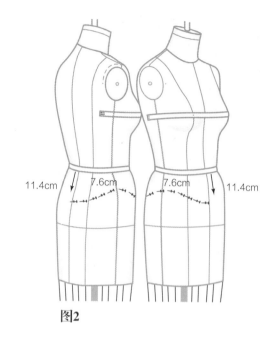

图2

准备坯布：育克

图3和图4

- 裁剪两片前片 (图3)，两片后片(图4)。
- 在中心线上向内折扣2.5cm，压出折痕。
- 用针将布料固定在人台上，裁剪育克。
- 沿着腰部抚平布料，打剪口，修剪余量。在腰部别合0.3cm的放松量（折叠）。
- 用铅笔印画出侧缝位置。
- 侧缝线向外放0.3cm的放松量，做好标记。
- 重复上面的立裁步骤做出后育克。
- 将前后育克从人台上取下。

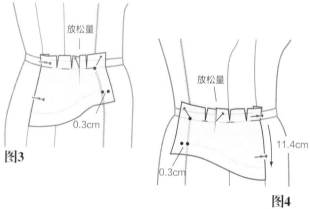

图3

图4

准备坯布：箱形裥

图5

- 在准备好的布料一角裁掉一块12.7cm×22.9cm的矩形。
- 再向下10.2cm画一条水平线。
- 距离布边2.5cm画一条垂线作为前中线。
- 从前中线在下摆2.5cm的距布边的线开始在下摆测量并标出15.2cm的宽度。

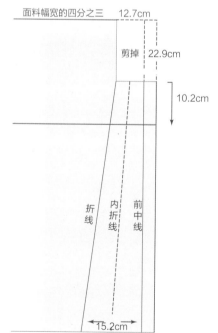

图5

立体裁剪步骤

图6

- 在前中心折叠裥，用针别合，固定在人台上。
- 褶裥放在育克线以上1.3cm处，固定在前中心线上。
- 沿着育克线抚平布料。
- 在第一个喇叭处打剪口，用针固定。

图7

- 以剪口为轴，往下转动布料，使横丝缕下落，形成第一个喇叭。
- 在人台底部用针固定褶裥并测量A-B。每个喇叭都按这个宽度做出来，这样才能让下摆线平衡。

图8

- 沿着育克线抚平布料，在第二个喇叭处打剪口，让喇叭量等于A-B。
- 将侧缝部位的布料抚平顺。
- 在人台底部量喇叭宽A-B。
- 用铅笔擦印画出侧缝线，往外放2.5cm作为缝份量。
- 从侧缝育克点开始经过A-B标记点折叠面料作为侧缝。在侧边增加的半个喇叭量构成了A形廓型。后片也增加半个喇叭后一个完整的喇叭就形成了。

图9

- 按照前片的立裁方法裁剪后片（后片没有箱形裥）。（也可以在后中线做一个喇叭。）
- 将前片侧缝搭在后片侧缝上，用针固定。让裙子悬挂一夜，方法见第200页。
- 让下摆平顺且与地面平行。
- 用针标出下摆线。

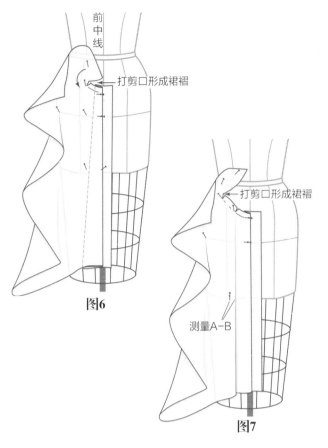

前中线

打剪口形成裙褶

图6

打剪口形成裙褶

测量A-B

图7

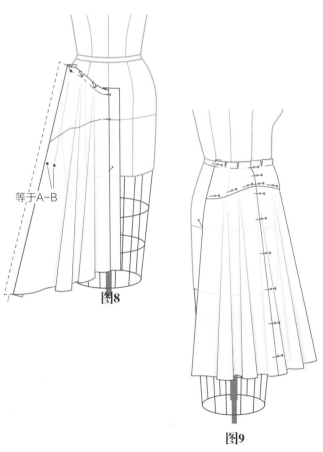

等于A-B

图8

图9

将裁片转移到纸上

图10和图11

- 将前片育克放在折叠好的纸张上，中心线与折线对齐，画出来。
- 如果面料的幅宽足够，将面料对折，再将前裙片中心跟折线对齐。如果布料幅宽不够，在裙片前中心加上缝份量，裁剪两个前片，或者用斜丝裁剪前后片。

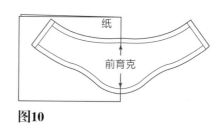

纸
前育克

图10

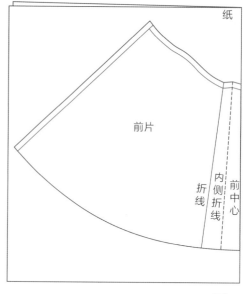

纸

前片

折线

内侧折线

前中心

图11

图12

- 拷贝后育克和裙片。
- 留出缝份并裁剪纸样。
- 加上腰头。
- 裁剪两片前育克和一片衬料。
- 裁剪四片后育克和两片衬料。

后育克

后片

图12

设计8：高腰裙

　　腰部没有缝迹的裙子可以设计成很多样式。裙子上端可以设计得比自然腰线高或者低。其它变化款可以借鉴高腰裙立体裁剪方法。

设计分析

图1和图2

　　省道余量被处理成前后片的省道。省道在腰线以上，高5.1cm，这个高度可以自由设计。省尖还是在腰线以下，跟基础裙一样。完成这款裙子的立裁后，试着做做下面的其它款式。

图1　　　　　　　　　　　　　　　图2

准备坯布

图3和图4

测量人台或者查看尺寸表。

- 臀围（#13）_____
  - 前片_____
  - 后片_____
- 臀高（#14），加7.6cm=_____
- 裙长：设计的裙长，加2.5cm下摆缝份，再加7.6cm腰节延伸量=_____
- 长度：裁剪两倍的裙长（前片和后片）。
- 宽度：
  - 前片：臀围加6.4cm
  - 后片：臀围加6.4cm
- 将布料边缘沿直丝缕折叠2.5cm，压出折痕。
- 从折边往下量取臀高，加7.6cm，然后画一条水平线（HBL和横丝缕线）。
- 在水平线上标出臀围量，再加1.3cm的松量，画出平行于折痕的直线，剩下的作为缝份量。

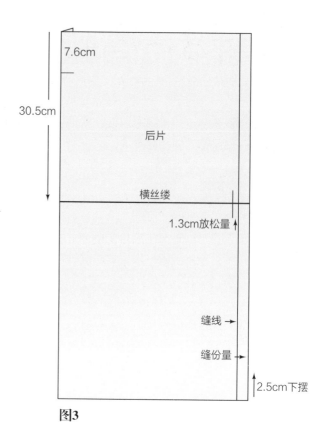

图3

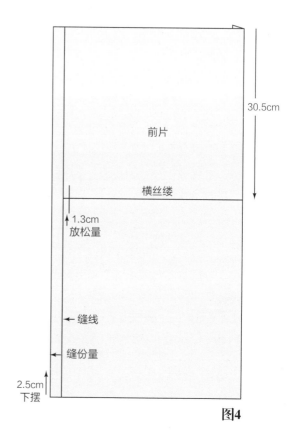

图4

立体裁剪步骤

图5

- 将布料折痕对准人台前中心线，将布料与人台上的臀围线对合。用针固定臀围线、前腰中点以及布料顶端。沿着臀围线抚平布料，一直到侧缝，用针固定。
- 从臀围线往上到腰线，抚平侧面的布料，打剪口，用针固定。继续往上抚平布料，用铅笔擦印画线，用针固定。

臀围放松量

图6

- 用针固定臀围线上的放松量辅助线。
- 在侧缝和公主线之间别合 0.3cm 的放松量（折叠）。
- 在公主线上别合省道，收拢余量。省尖在腰围线往下7.6cm处。
- 在侧腰点和省道上斜着打剪口，留0.3cm的量。
- 用铅笔擦印画出侧缝，留1.3cm的放松量。
- 将省道上的针取下来，将省道量往内折，重新别合。
- 将裙片往后翻或者直接从人台上取下来，方便后片的裁剪。

图7

- 将布料折痕对准人台后中线，将布料与人台上的臀围线对合。用针固定臀围线、后腰中点以及布料顶端。按前片立裁方法操作。
- 继续按前片立裁方法操作。
- 腰节线以下的省道长度约为14cm。在腰节线上打剪口，留0.3cm的量。

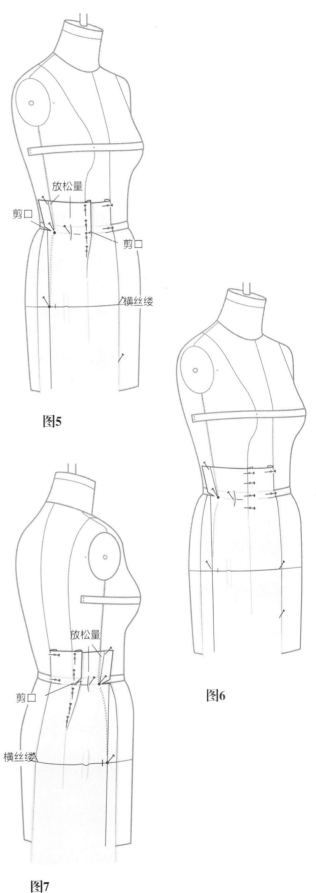

放松量
剪口
剪口
横丝缕

图5

放松量
剪口

图6

横丝缕

图7

图8

• 折叠省道，用针固定。

图9

• 将前后裙片的侧缝别合在一起。
• 在侧腰延长部位标记0.3cm的松量。
• 将布料从人台上取下来，修顺线条，修剪侧缝，留1.3cm或2cm的缝份。缝合裙片或者先转移到纸张上进行试样。

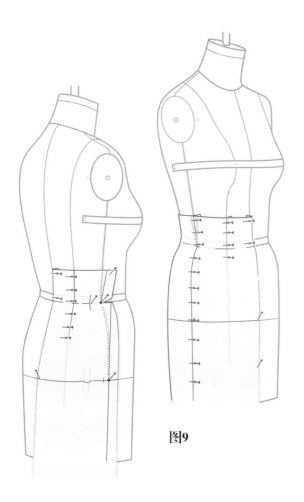

图9

图8

完成纸样

图10

　　前片纸样连裁（裁成一片），裁剪两片后片。

• 前后片纸样：在腰围线上的省道中心、距省道边线0.3cm处以及省尖往上0.6cm处，打定位孔。

贴边纸样

• 将纸放在纸样下面，描出腰线上部，在腰部剪口往下1.3cm的地方结束。
• 裁下纸样，闭合省道（虚线部分）。
• 贴边：裁剪两块后片贴边和两块衬料（c）。裁剪一块前片贴边和一块衬料（d）。

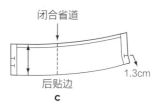

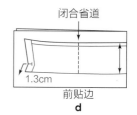

图10

设计9：拼片裙（六片和八片喇叭裙）

裙子可以纵向分成若干片，缝合在腰头上。裙片可以设计成各种样式——均匀或者簇拥、直筒形的或是喇叭形的、带褶裥的、下摆不水平的或是带尖角的。由于各个裙片看起来很相似，所以一定要做好对位标记，这样才能正确地拼合裙片。

设计分析

图1

这款裙子是六片裙，前后片都是连裁的。如果要将六片样变成八片裙，只需要在前后片的中心增加分割线和下摆的幅度。每片裙片下摆的展开量约为3.8cm，但是还要加上一些调节量（6.4cm）。拉链放在左侧缝或者后中线。

准备坯布

图2和图3

- 分别在人台前后身的臀围线上测量从公主线到中心和公主线到侧缝的距离。记为A、B、C和D。这些数据就是裙片的基本宽度。
- 按设计的长度裁剪布料，在裙长基础上增加6.4cm。

图1

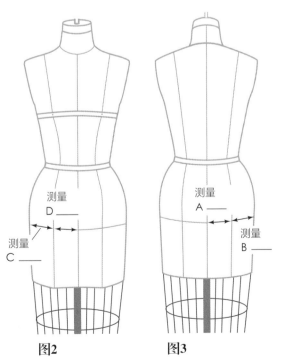

图2　图3

立体裁剪步骤

图4

前中和后中片：
A和D

- 将布料对折，量取A的宽度，再加6.4cm，然后裁剪。标出A并画出与折痕平行的直线。
- 画一条从腰侧点（平行线的一半）到下摆的直线（虚线部位裁剪掉）。
- D片的操作同上。

侧片：
B和C

- 在布料上量取B并画出两条平行线。在两条平行线外侧6.4cm处做标记，画出从腰节到下摆的平行线。
- 画一条从腰侧点（平行线的一半）到下摆的直线（虚线部位裁剪掉）。
- C片的操作同上。

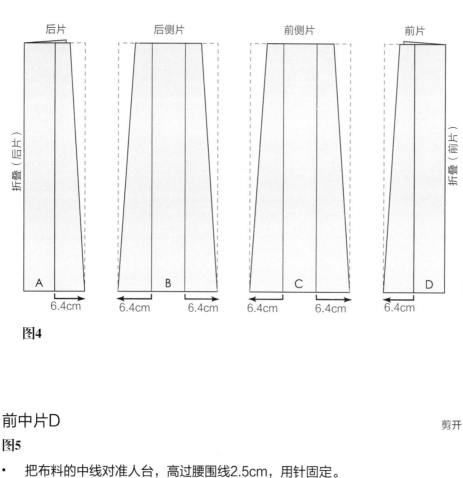

图4

前中片D

图5

- 把布料的中线对准人台，高过腰围线2.5cm，用针固定。
- 标记腰围线上的公主线，用铅笔擦印画出腰围线下12.7cm（可抬高或降低）的公主线。
- 从这个点向外量0.3cm做标记，打剪口。
- 把前片翻折过去或者从人台上取下来，以便立裁侧片。

图5

前侧片C

图6

- 将侧片中线对准人台，高过腰围线2.5cm。
- 在腰围线上别合0.3cm的松量（折叠）。
- 沿着公主线和侧缝抚平布料，用针固定。
- 用铅笔擦印画出公主线和侧缝（从腰围线往下12.7cm）。

别合前片

图7

- 将前中片与前侧片的公主线别合，从腰围线往下别到剪口处。
- 在前中片下摆上留出需要的喇叭量然后折叠。
- 从侧片下摆处放出相同的摆幅量，将前中片和前侧片别合起来。
- 调整喇叭量，直到满意为止。

后中片A

图8

- 按照前中片的立裁方法裁剪后中片。

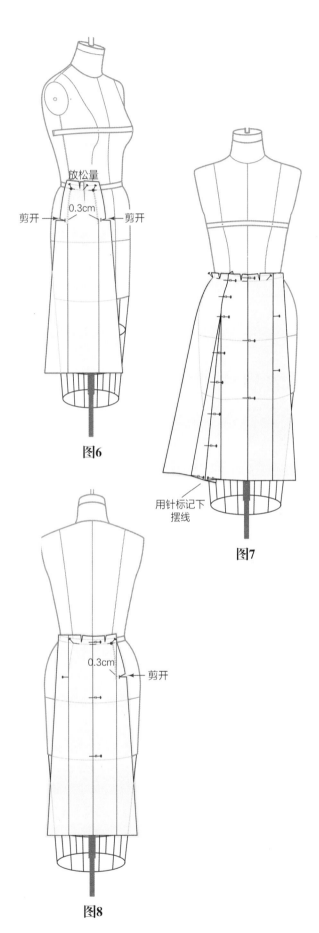

图6

图7

图8

后侧片B

图9

- 按照前侧片的立裁方法制作后侧片。

图10

- 从腰围线到侧缝剪口别合侧缝。在下摆留出与前片相等的量，别合前后片侧缝。
- 从人台正面检查裙子廓型，通过增加或减少侧面摆来调整造型。

完成纸样

图11

- 将裙片从人台上取下，确定缝线，修顺臀围线。缝合裙片或者先转移到纸上进行试样。
- 将裙片放在纸上，拓画纸样，增加缝份，按照图示打好对位剪口。

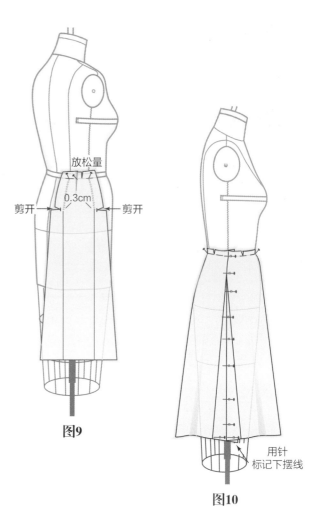

放松量

0.3cm

剪开 —   — 剪开

图9

用针
标记下摆线

图10

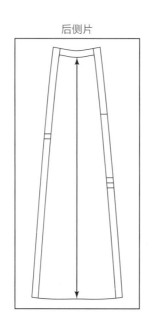
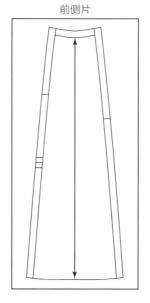

纸

后侧片

前侧片

后中线折叠

前中线折叠

图11

设计10：八片风琴裥裙

设计分析

图1

　　这款裙子是八片裙，呈A字廓型。裙长在膝盖以上，也可以自由设计。除了侧缝，其它裙片上都有风琴裥。每个风琴裥的深度是3.8cm。对褶缝合时从腰围到臀围逐渐放出松量，是倾斜的，这是为了满足人体活动需要。拉链设计在侧缝。准备制作这款裙子的布料时，要考虑褶裥量和1.3cm的缝份量，在臀围线上还要加上0.3cm的松量。

图1

准备坯布

图2

- 参考第221页，记下A、B、C、D的尺寸。
- 长度：按照面料宽度与所需长度相等并加上6.4cm的下摆量和腰围缝份量裁剪布料，从坯布片的顶端往下17.8cm画出横丝缕。
- 裙片宽度：每块裙片按照所纪录的A、B、C、D尺寸再加10.8cm裁剪。
- 裁片A：从布料两侧各量取5.4cm，画两条垂线。按照图示，在臀围线上往外放0.3cm的松量，做标记，下摆线上也一样。在裁片D上重复上述步骤。
- 除了侧缝，裁片B和C也重复上述步骤。
- 连结侧腰点到下摆的线条要让裙子的廓型是A形。
- 裁片向里2.5cm，向下17.8cm和2.5cm作标记作为褶裥角度。按照图示，将虚线部分剪掉。

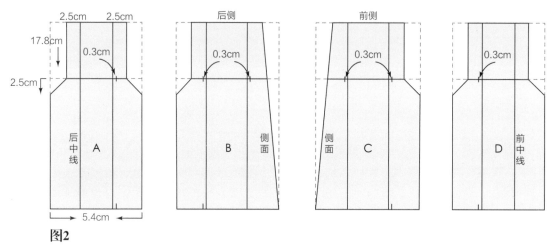

图2

立体裁剪步骤

前片D

图3

- 将布料折痕对准人台前中线，高过腰带2.5cm，用针在前中线上固定。
- 抚平腰围线到公主线之间的布料，打剪口，做标记。
- 沿着公主线纵向抚平布料，用铅笔擦印画出臀围线，修剪多余布料，在标记好的侧缝外留2.5cm的缝份。
- 剥离后片，或者将裁片从人台上取下来。

图3

前侧片C

图4

- 将侧片居中放在人台上，高出腰围线2.5cm，用针固定。
- 沿着腰围线抚平布料，打剪口，做标记。按照图示在腰围线上别合0.3cm的松量（折叠）。
- 沿着公主线和侧缝到HBL横丝缕线抚平布料，用铅笔擦印标记，修剪多余布料，将裙片从人台上取下来。修剪侧缝，留2.5cm的缝份。

后片A和后侧片B

图5和图6

- 按照前裙片的立裁方法裁剪后片和后侧片。

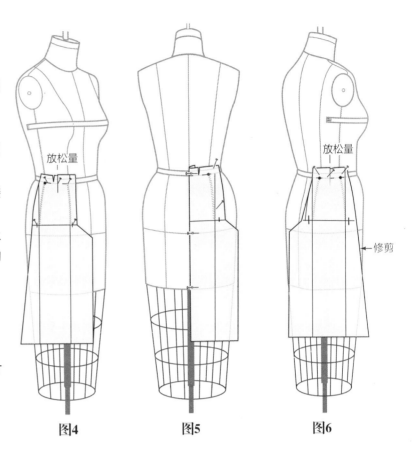

图4   图5   图6

完成裆片纸样

图7

- 用曲线尺重新画顺从腰围到臀围的轮廓线，止于在横丝缕线上的0.3cm标记处。
- 修剪调整好的侧缝线。所有的裙片都要与横丝缕对齐，否则，调整腰围线。
- 加放1.3cm的缝份量。一条完整的裙子每片裁剪两块布料。

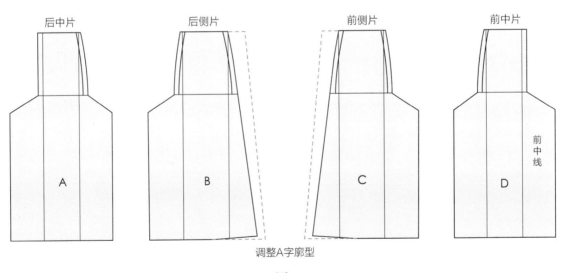

图7

褶裥里子片

图8

- 在纸上画一条线使其长度等于褶裥的长度,沿着这条线将纸对折。
- 距离折边5.1cm(包含了1.3cm的缝份量)从上到下画一条垂线。
- 从纸的上端往下量1.3cm画水平线,水平线长2.5cm。在后片下摆放缝1.3cm。
- 用坯布裁剪六块褶裥里子片,虚线部分裁剪掉。

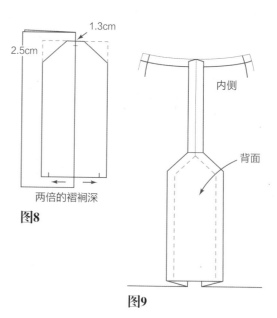

图8

图9

图9

- 将褶裥里子片缝到每个裙片上,缝合裙片。
- 先不要缝合侧缝。

分析合体度

图10

- 按照第186页的方法制作腰头,裁剪样衣。
- 用大针距缝合裙片(方便拆开制作纸样)。
- 将腰头对折,用大针距跟腰围线缝合起来,缝份留在外面(合体度调整好之前的临时缝)。腰头能固定住裙片,方便进行合体度的分析。
- 如果裙子平衡,它的所有褶裥都能够很完美的合拢。不平衡的裙子,它的褶裥会张开(效果图把褶裥画得张开是为了表现褶裥内部结构)或者重叠。合体度跟腰围线有关。调整裙子的平衡时,将侧缝处的腰头拆除,抬高或降低裙片,直到问题解决。用针固定腰头,再检查一遍。

图11

- 用针固定下摆,使下摆线和地面平行。
- 褶裥暗缝,防止被掀起。
- **特体的合体度:** 如果客户的臀比较高或者低,就要单独调整侧缝,做好标记,完成纸样。

完成纸样

- 从人台上取下裙子。去掉缝纫线,熨烫。将裙片放到纸上,完成纸样。

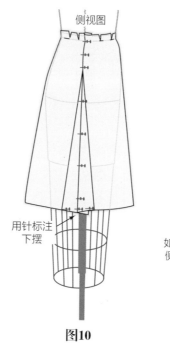

图10

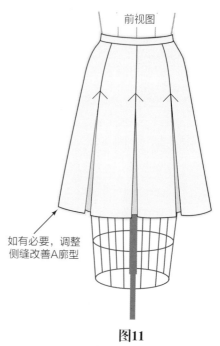

图11

腰部抽褶的裙子

褶量可以通过腰围比例或者布料幅宽来计算。下面给出了抽褶的例子，腰围是66cm。

- 1.5倍的腰围=99cm（增加了33cm）
- 2倍的腰围=132cm（增加了66cm）
- 2.5倍的腰围=165.1cm（增加了99cm）

褶的比例很难量化，为了达到想要的效果，建议在实践操作之前，先用长12.7cm的样布进行实验。

图1和图2

图示是按比例计算抽褶宽度的实例。轻薄的面料需要更宽的抽褶量，厚重的面料抽褶量要少一些。

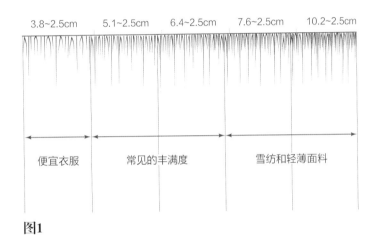

图1

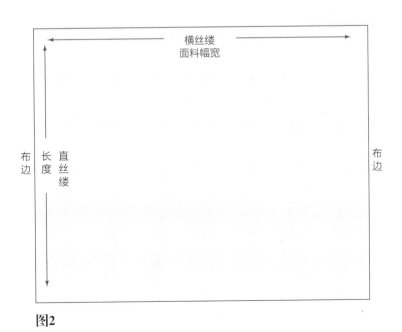

图2

设计11：抽褶裙

设计分析

图1

　　抽褶裙在腰部和下摆都有很多褶裥。为了形成丰富的褶裥，需要布料的宽度是幅宽的数倍。矩形形状是按长度裁剪的一般两片幅宽91.4cm的布料，或者114.3cm幅宽的布料用一片半或两片。腰部的褶裥和腰头缝合。

准备坯布或纸张

- 按照款式要求的长度裁剪布料。
- 测量臀高（#4），在第32页尺寸表查找数据。
- 用后片臀高量减去前片臀高量，根据差值在后中线做标记，一般是0.3~0.5cm。

立体裁剪步骤

图2

- 根据这个差值在后中线做标记，通过这个标记，在两个侧缝之间腰围画弧线。
- 修剪布料。

可变因素

　　后中线可以连裁，或者断开。拉链可以设计在后中线或者侧缝。

- 抽褶裙有时可以沿着横丝缕来抽褶。

图1

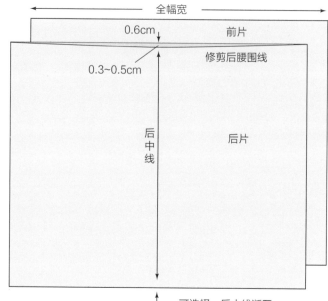

图2

设计12：节裙

节裙由一排排的裙片构成，像下面的效果图所画的，裙片形式多样，可以是碎褶的，褶裥的，或者是波浪的。这些裙片可以连在一起，也可以分别缝在底裙上（底裙可以是直筒裙或喇叭裙）。每层裙片的宽度、展开幅度和下摆弧线可以完全一致，也可以相互交错。确定分层的比例有很多方法可供设计师选择：

- 先立裁一个喇叭裙，用针标记出分层的位置。
- 在纸上拷贝一个基础裙或喇叭裙，放在人台上，用铅笔标记分层的位置（见图2和图3）。
- 直接在人台上用针或者标示带标记出分层位置。

分离的多节裙

图1

这款裙子的底裙是基础裙。见第72~75页。

设计分析

- 拷贝基础裙或者立裁制作。
- 拷贝两份，原因如下：
  1. 用来标注分层位置及每层裙片下摆的位置。
  2. 作为底裙，将来每层裙片都缝缀在上面。

裙片下的接缝线至少比上一层裙片的下摆高2.5cm。这个数值要算到每层裙片的长度里。每层裙片上下各有1.3cm的缝份量。底裙的第三层可以去掉。

图1

分层比例

图2

- 按照裙长裁剪前后裙片。
- 标注A层、B层和C层的分割位置。

图3

- 从B层和C层的标记线往上2.5cm用铅笔画标记线（建议用红色）。
- 测量每层的长度。
    - A层：在测量的长度基础上加1.3cm的腰节缝份量和下摆缝份量，记为：————。
    - B层和C层：在测量的长度基础上加2.5cm重叠量和1.3cm的上下缝份量，记为：————。

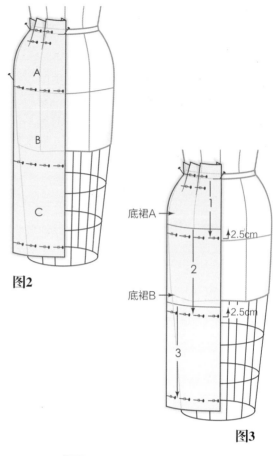

图2

图3

底裙

图4

- 沿着铅笔标记线将裙片剪开。
- 确定A、B层。
- 去掉C层。
- 将裁片拓画到纸上，加上缝份量和下摆折边量。

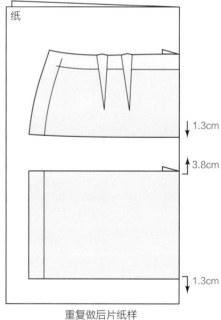

纸

1.3cm

3.8cm

1.3cm

重复做后片纸样

图4

抽褶的多节裙

图5

每层裙要使用的布料宽度：

- 第1层：记下长度，加上整幅布料的宽度。
- 第2层：记下长度，加上双倍的布料幅宽。
- 第3层：记下长度，加上三倍的布料幅宽。
- 将1、2、3层碎褶抽均匀，将每层裙片缝在底裙上。调整褶裥大小和分层比例。

喇叭形多节裙

图6

第一层喇叭形可以通过转移腰部余量来产生。如果想要更大的喇叭形，可以在腰节线上打剪口，使横丝缕下落。

- 通过降落布料横丝缕，在侧缝增加褶裥做好第2和第3层裙片。
- 将每层裙片都缝在底裙上。
- 调整每层的喇叭大小和比例，使裙子美观协调。
- 将纸样与立裁效果进行比较，互为参照。

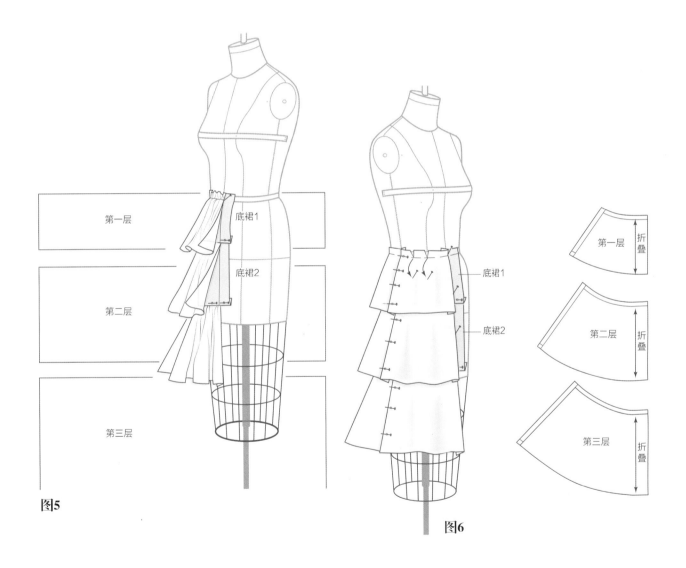

图5

图6

设计13：连成一体的节裙

上一页的三款服装展示了分节裙在设计中的应用方法。下面将要介绍的例子是分节裙片层层相接。这是其它变化款的基础。

设计分析

图1~图3

首先用纸拷贝出基础裙的纸样，剪下来，用针固定在人台上，标出每一层的位置。分层之后（按照图例或者自己设计），就该决定每层的用料宽度了。第一层用整个幅宽（91.4cm或者114.3cm），后一层总是比前一层宽1.5倍或者2倍。第一层的腰围线在后线中下凹，这种处理让裙子下摆能够水平。

图1　　　　　　　　　　　图2　　　　　　　　　　　图3

分层比例

图4和图5

长度：73.7cm

- 记下每一层的长度：
  - A层：15.9cm
  - B层：17.1cm
  - C层：18.4cm
  - D层：22.2cm
- 在基本长度之上，上下各加1.3cm的缝份量。

- 最后一层加2.5cm的下摆折边量。
- 每一层的宽度（**想减少褶裥量则减少布料宽度**）：
  - A层：1个幅宽，在后中线下降1cm，剪成弧线。
  - B层：2个幅宽。
  - C层：4个幅宽。
  - D层：8个幅宽。
- 在A、B、C层上各加1.3cm的缝份量。
- 分别裁剪布料并修剪后中心。

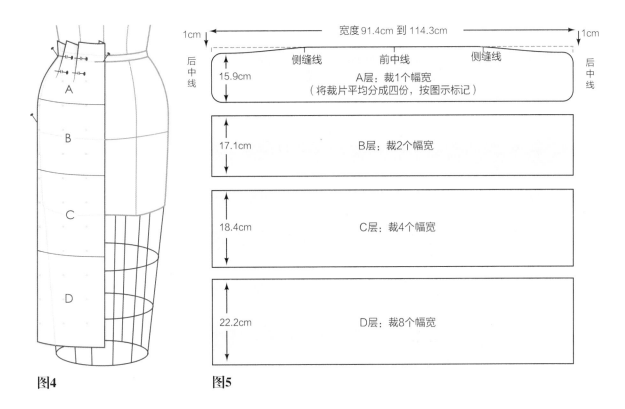

图4

图5

设计14：不对称缠绕裙

设计分析

图1

这款裙子的右片带有褶裥并包住了一部分左片。裙子前片的左右侧缝和后片侧缝缝合。右侧的缠绕褶裥裙片包住了一部分左裙片。腰头固定了裙片并设计成开口部位。可以为这款裙子（在左片搭接）设计一个底裙，在后中线装拉链作为开口。

这款裙子由三片构成：整个后片、右前裙片、左裙片。开口的设计在后面有介绍。

- **后片**：按照基础裙后片的裁剪方法操作，参考第72~75页或者拷贝基础后片的纸样。
- **左前片**：立裁或拷贝前片。左前片超过中心线一直到右侧的公主线上，并且带有3.8cm的贴边，贴边折叠起来。
- **开口设计**：左右前片可以交叠并缝合，还可以一起缝合在后片侧缝上，用腰头固定。腰头从前片悬垂部位开始绕到后片，在左前片的中心结束。开口可以用绳子打结（如第240页图12）、钩扣、尼龙搭扣、按扣或纽扣固定，在开口外面用花饰或蝴蝶结装饰。

图1

准备坯布

图2

- 按照款式需要测量：
  - 宽度：前臀宽或者按照尺寸表的数据#13加25.4cm。
  - 长度：根据款式加12.7cm。
  - 在布料中间画出直丝缕，并从直丝缕线上端往下剪开7.6cm。
- 按照第72~75页裁剪基础裙的方法操作，或者拷贝后片基础裙的纸样。立裁或拷贝整个前裙片作为左裙片。

立体裁剪步骤

图3

　　将布料上的参考线对准人台的中心线，将布料上的剪口固定在腰头底端。

- 固定中心线。
- 超过前中心2.5cm，沿着腰围线抚平布料，打剪口，做标记，这个标记是第一个褶裥的位置。
- 沿着右侧缝将布料推到臀围线上，横丝缕下落，用铅笔擦印画出侧缝，并用针固定好侧缝。下摆出现波浪，把这些波浪量往上提，处理成腰上的褶裥。
- 折叠褶裥，叠褶指向右边的侧缝或左边的侧缝，如图示。这款裙子是其它变化款的基础。

图4

　　修剪侧缝，留2.5cm的缝份量。

- 折叠第一个褶裥，提起布料，叠褶深度大约3.8cm（打开后是7.6cm）。叠褶要平顺：在腰围处应非常顺畅。叠褶下的布料也要平顺，并临时固定。
- 做好褶裥后，进行调整，直到平衡。

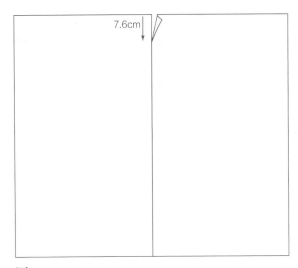

图2

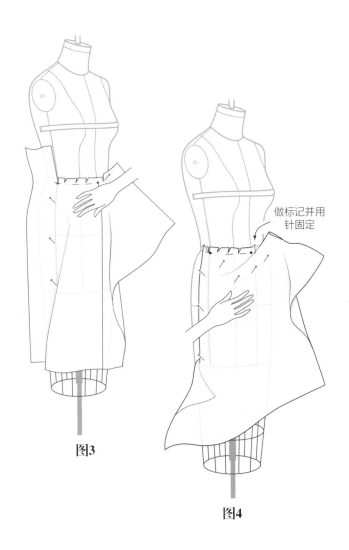

做标记并用针固定

图3

图4

图5

• 第二个褶裥距离第一个褶裥1.3cm。提起布料做叠褶，叠褶深度大约5.1cm（打开后为10.2cm）。用针固定。

图6

• 重复上述步骤做出第三个褶裥。

图7

• 抚平侧缝，用针固定在人台上。

• 修剪侧缝外多余的布料，留2.5cm的余量。

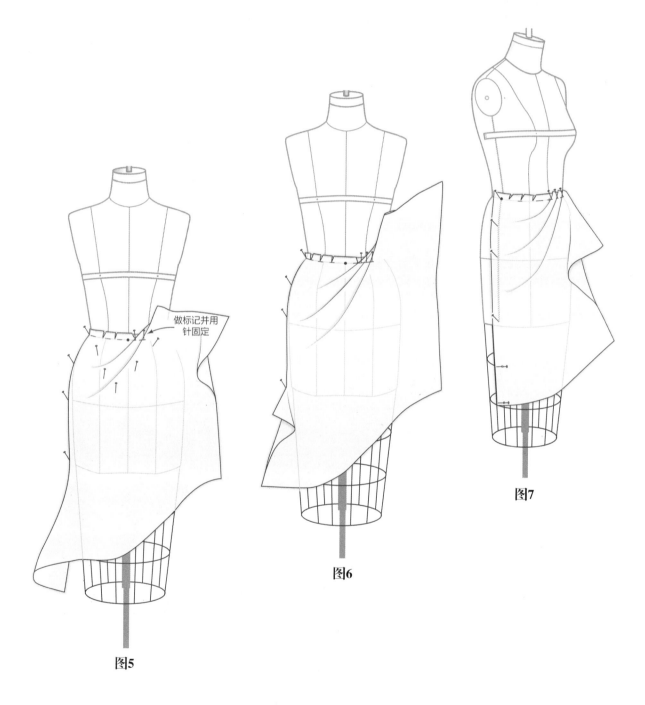

做标记并用针固定。

图5

图6

图7

图8和图9

- 重复上述步骤做出第四个褶裥。
- 从腰头底部经过叠褶画一条连续线条作为腰围线。
- 沿着腰围线修剪多余布料，留1.3cm的缝份。
- 距最后一个褶裥17.8cm-25.4cm处断开布料，这个量是形成垂片的布料。
- 根据款式修剪裙子的外轮廓线。
- 在距离最后一个褶裥2.5cm处打剪口，使布料自然垂落。在前中腰节点做标记，作为腰头钉扣锁眼的参考点。扣子位置超过标记点2.5cm。调整褶裥以确定每个褶的角度。
- 把裁片从人台上取下来，描出轮廓线。

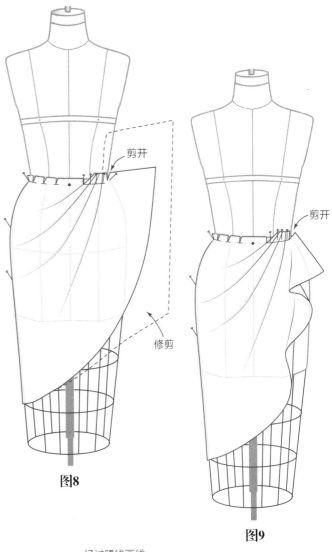

剪开

修剪

图8

剪开

图9

图10

- 将裁片放在桌面上，针不要去掉，让褶裥平顺。
- 用曲线尺和红色铅笔画出腰围线。
- 标记出每个褶裥的折叠位置。
- 在布料的内侧画出褶裥的位置并画出腰围线。

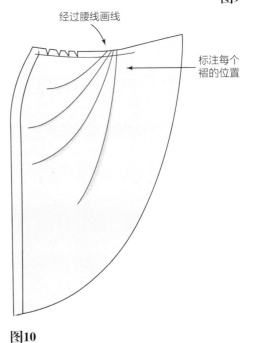

经过腰线画线

标注每个褶的位置

图10

图11

- 去掉褶裥上的针，画出每个褶裥下面的线条（虚线表示的是叠褶往右边折的情况，粗线表示的是叠褶往左边折的情况）。画顺侧缝线。缝合裙片或者先拷贝到纸上进行试样。
- 将裙片拷贝到纸上，并在每个褶裥上和侧缝上打剪口。重新裁剪裙片进行试样。
- 折叠每个褶裥并缝合。
- 后片：裁剪并缝合基础裙后片，将搭接的前片缝到后片侧缝处。左前片盖过右公主线，并加上大约5.1cm的折边（作为贴边）。参考下图带腰头缠绕裙的例子。
- 垂片的边缘可以锁边或贴边。

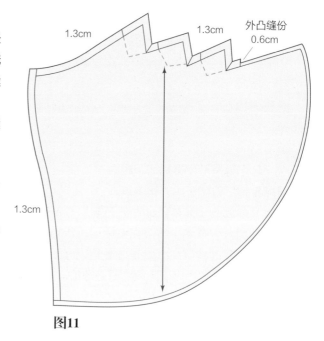

图11

带腰头的缠绕裙

图12

- 腰头从垂片开始，绕过后裙片，止于左前片绱腰标记外2.5cm。其它的裙片没有和腰头缝合，但是按照图示系到右侧。
- 固定腰头，可以采用纽扣、尼龙搭扣、按扣或者钩扣。如有需要，用饰针、漂亮的花朵或者蝴蝶结在止口进行装饰。

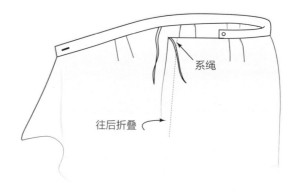

图12

设计15：侧面荡褶裙

侧面荡褶裙廓型很有趣，可以缝合上腰头，或者和衣身缝合设计成连衣裙。想了解有关荡褶原理的更多知识参考第11章。

设计分析

图1

荡褶垂在裙子的两侧形成楔形廓型。前面的荡褶收纳了所有的省道余量，这样布料直丝缕就能和人台前中线重合。前片荡褶做好后才做后片荡褶，后中缝是直丝缕或者斜丝缕。（如果布料幅宽足够的话前中线可以连裁。）这款裙子应该用柔软的梭织物或者针织物来制作。

试着做做这款荡褶裙，看看你的立裁技巧如何。

这款裙子有四个荡褶。设计师也可以根据喜好设计成三个。

荡褶的制作方法也可以进行选择：

1. 如图所示，可以让布料直丝缕（或斜纱）对准前后中线来做荡褶，但是这样褶裥量会很多。
2. 如果布料幅宽足够的话，前片连裁。但是，前后片的纱向将不一样，这样就需要不断调整荡褶。
3. 前后片荡褶量可以做得少一些（5.1~7.6cm），但是前中心的纱向会有所倾斜。

- 裙子开口设计在后中线。后开衩可以为人提供更多的活动量。（缝合斜丝缕时要特别小心。）
- 用轻薄的坯布立裁这款裙子。选择柔软的梭织布料、针织布料或者用透明薄塔夫绸来制作。

图1

准备前后片坯布

参考尺寸表里的数据

图2

- 从尺寸表查后臀围（#13）或者测量一半的臀围。记为：_____。

- 长度：50.8~63.5cm。或者自己设定=_____

- 从布料上裁出边长91.4cm的正方形。

- 矫正布料的经横丝缕。

- 折叠布料，让横丝缕跟布边对齐，标出折线（正斜丝缕）。从布料上裁下这块折叠的布料。

- 把斜丝用铅笔印画出来。

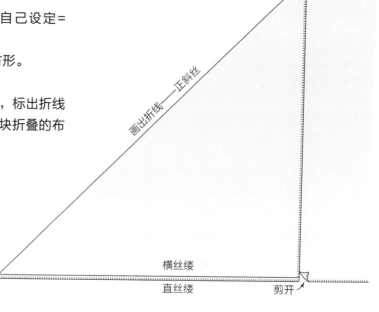

图2

准备坯布

图3

- A到B——垂直于折线画一条长17.8cm的直线。

- B到C=3.8cm。剪开BC，剪口距离C点0.3cm。

- 从X点往上，在折线上和横丝缕上各量取38.1cm，用弧线连接这两点，修剪多余的布料，这条弧线是临时的下摆线。

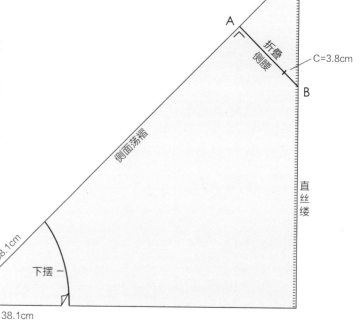

图3

立体裁剪步骤

做荡褶一定要有耐心，这样才能让荡褶非常平顺并且保证斜丝跟侧缝对齐。先做前片的荡褶，再做后片的荡褶，最后将荡褶调整平顺。

第一个荡褶

图4

· 将坯布打开，沿着A–B重新折叠。将A点和C点合拢用针固定在侧缝上，形成第一个荡褶。

· 可以先大致固定坯布，以方便褶裥的操作。

第二个荡褶

图5

· 距离第一个荡褶2cm做出第二个荡褶。在整个立裁过程中斜丝都必须与人台上的侧缝对齐。

· 如有必要，调整褶裥。

· 沿着腰围线标注褶裥位置，在每个褶裥的边缘做记号。

第三个荡褶

图6

· 按照第一个和第二个荡褶的方法操作。

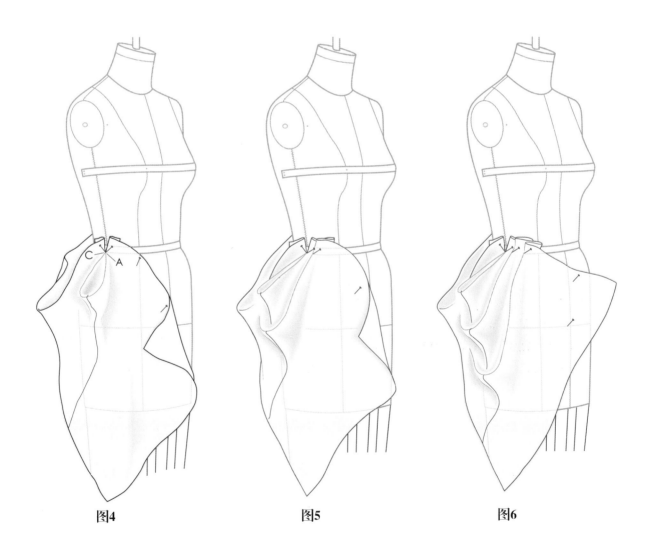

图4　　　　　　　　图5　　　　　　　　图6

第四个荡褶

图7

- 将布料的边缘盖过前中心2.5~3.8cm，并与前中线平行，固定前中线。剩下的余量折到最后一个荡褶里面。（余量也可以均匀分配到各个荡褶里。）如有必要，进行调整。

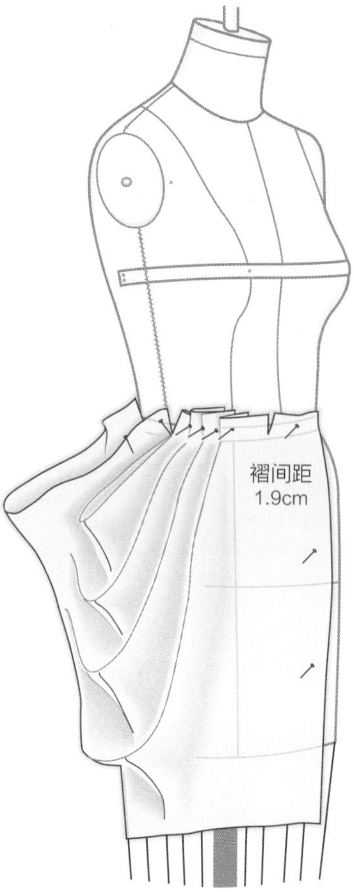

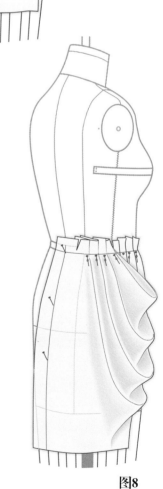

褶间距
1.9cm

图7

后片立裁

图8

- 重复前片的操作。后中线必须盖过人台中心线2.5~3.8cm，可以跟人台后中线平行或者用斜丝。重新检查斜丝辅助线是否跟人台侧缝对齐。
- 下摆有待修剪和测量，它必须跟臀围尺寸相等。如果需要调整，就平移布料的前中心线，增加或减少下摆量。调整垂褶量的大小来解决问题。

图8

完成纸样

图9

- 将每个褶用针固定好，然后将裁片从人台上取下来。
- 将裁片放在桌面上，将前后腰围线用圆顺的弧线连接起来。
- 用滚轮沿着别合的腰围线滚动，将腰围线拓画在褶裥内侧，或者修剪腰围线，留1.3cm的缝份量。

图10

- 将褶裥上的针取下，用铅笔印画出褶裥内侧的轮廓线。
- 修改其它的轮廓线。
- 绘制纸样，裁剪并核对尺寸。将A和B缝合起来或者留着不缝。

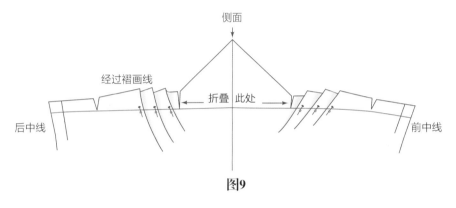

图9

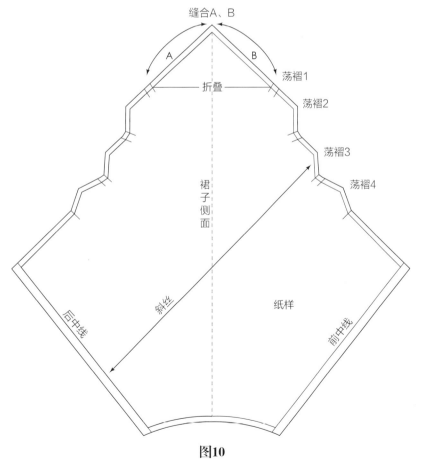

图10

领子

第9章

设计师可以自由创作出各种领子，领子的宽度、长度、领座高和领角方向都可以随意调整（见图1）。这是用立体裁剪制作领子的好处。领子款式的设计必须跟整体服装相协调，符合设计目的。披肩领的做法请参考第17章535页。

图1

领子术语

图1

　　外领口线：是领子的设计变化部位。

　　领座：领子在翻折时所占的高度，通常有三种基本高度：

- 2.5cm领座，全翻领。
- 1.3cm领座，半翻领。
- 0.3cm领座，平领。

　　领座的高度控制着领子从后中线到肩部的宽度。而从肩部到前中线，领子的造型可以随意变化。

图2

　　内领口线：是与衣身领围线缝合的部位。

　　翻领折线：领子翻折后所形成的领座和领面分界线。

　　领子支撑材料：黏合在翻领内侧的衬料让领子能够硬挺。领座（立领和翻领的领座部分）可以单面或双面黏衬。衬料边缘跟净样线平齐或者到主样线。

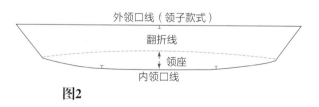

图2

两种基本内领口线

图3

如果不考虑领子的外形设计，内领口线则控制着领座的形状，领座有两种基本形：

· 与衣身的领围线相反——不系扣时领子敞开（a）。

· 与衣身的领围线方向相同——不系扣时领子没有变化（b）。

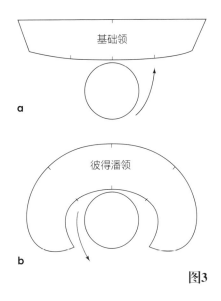

图3

设计1：基础领

图1

基础领适用于休闲款式的设计，比如衬衣。领子与肩线交点之前的形状可以自由设计。如果解开扣子，领子会打开，偏离之前的位置。

原则

内领口线与衣身的领围线方向相反，会使不系扣时领子向两边敞开。

设计分析

基础领的领座高2.5cm（全翻领）。但是，当总的领宽较宽时，领座的高度也要相应地增加。

图1

准备坯布

图2

- 按下面的方法裁剪坯布：
  - 长度：30.5cm
  - 宽度：7.6cm（如果领座比较高，加0.6cm）。
- 从布边量2.5cm画出直丝缕。
- 从布料下端量1.3cm画出横丝缕线。

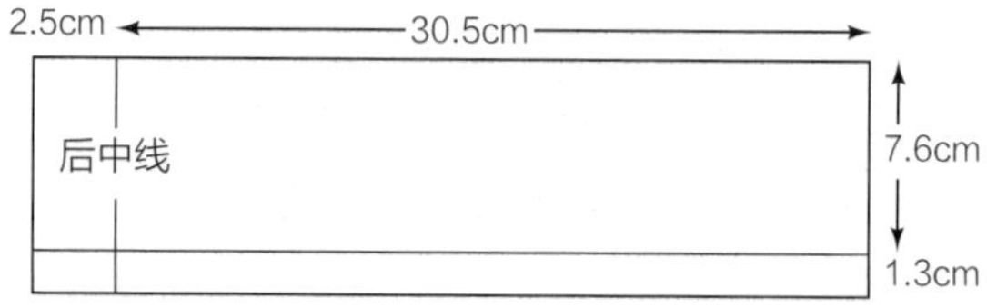

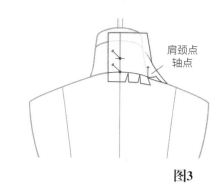

图2

立体裁剪步骤

图3

- 将布料的直丝缕线对准人台后中线，布料横丝缕线对准人台领围线。
- 在后颈点用针固定，从后领围线往上2.5cm用针标出领座高。
- 沿着后领围线横丝缕抚平布料到肩颈点，打剪口，用针在肩颈点固定。

图3

图4

- 从肩颈点往上约2.5cm别合0.3cm的松量。

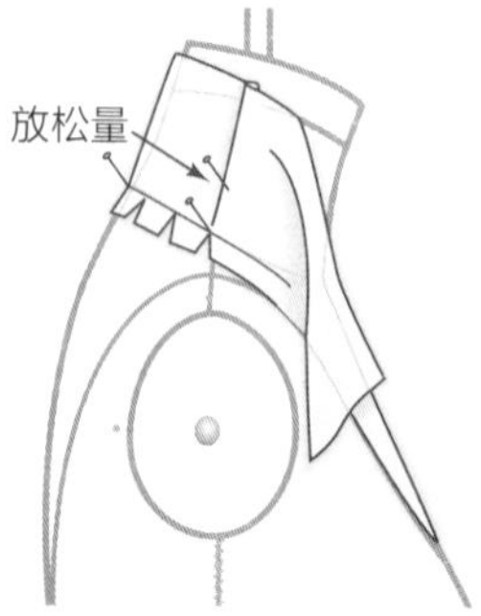

图5

- 当坯布围绕脖子逐渐向前中心推平顺时，横丝缕下落。
- 按照针标记画出领内口线。
- 在领内口线上打剪口，剪口不要超过弧线。
- 将前领弧线多余的布料修剪掉，留0.6cm的缝份。

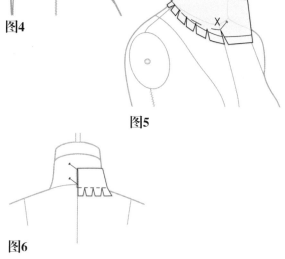

图4

图5

图6

- 按照领座高的标记点将领子翻折下来。
- 按照领子款式修剪多余布料，打剪口，留0.6cm的缝份。

图6

图7

- 画出前领的形状（可以自由设计），虚线表示的是其它变化领形。（在做变化领时注意留够布料。）
- 把裁片从人台上取下来，修顺轮廓线。

图7

领面

图8

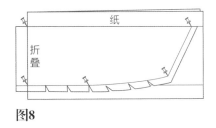

- 用滚轮将领面拓画到纸张上。
- 拿掉已画好的裁片。

图8

图9

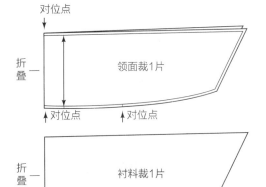

- 用铅笔擦印画顺领子的外轮廓线，留0.6cm的缝份。
- 在后中心和肩颈点做标记，打剪口。
- 用这个纸样裁剪衬料。

图9

领里

图10

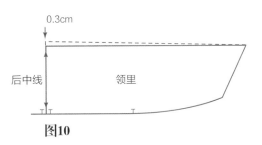

- 将领面放在对折的纸上进行拓画。
- 从后中往下降0.3cm做标记，连顺从标记点到领角的曲线。
- 在折线顶端打对位剪口，从折线底端往上0.6cm打对位剪口，以区分领里和领面。

图10

设计2：中式立领

中式立领源自中国传统服装，领子围绕脖颈，高低不同，款式多样。

图1

设计分析

图1

这款中式立领是传统造型。基础立领的高度是3.2~3.8cm。

准备坯布

图2

- 按下面的要求裁剪布料：
  - 长度：25.4cm
  - 宽度：5.7cm
- 从布边往里2.5cm画出直丝缕线。
- 距离布料下端1.3cm画出横丝缕线。

图2

立体裁剪步骤

图3

- 将布料直丝缕对准人台后中线，用针固定。从后中往上量3.8cm固定出立领高度。
- 沿着领围线抚平布料，一直到肩颈点，打剪口，剪口不要超过领围线，用针固定。

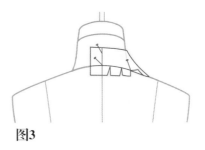

图3

图4

- 从肩颈点往上量2.5cm做标记，在这一点别合0.3cm的放松量（折叠后）。
- 沿着颈部，一直到前中线的X点抚平布料，打剪口，并放松布料，用针固定。
- 按照针标记的位置画出从前中线到肩颈点的领口弧线。
- 修剪余量，使标记的领线的缝份保持1.3cm。

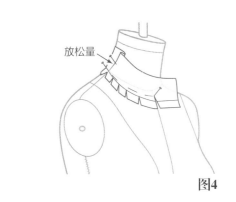

放松量

图4

图5

- 画出立领的外轮廓线，放出0.6cm的缝份。（虚线部位的领子是直线外轮廓，有军装风格。）

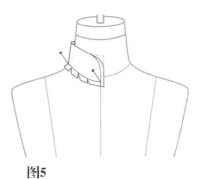

图5

图6

- 将领子从人台上取下来，拓画到纸上。领面和底领可以一样大小。

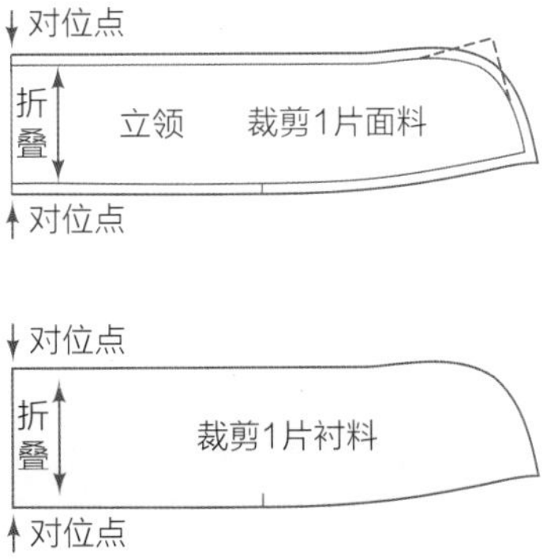

完成纸样

- 裁剪2块领子布料，1块衬料。

对位点

折叠　立领　裁剪1片面料

对位点

对位点

折叠　裁剪1片衬料

对位点

图6

领角翻折的立领

图7~图9

- 参考图3~6的操作步骤，先不要修剪外轮廓线。
- 领子设计有尖角，并且尖角往外翻折，熨烫固定。
- 裁剪2片面料和1片衬料。

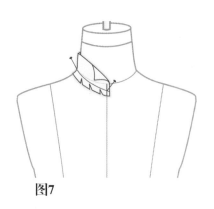

图7

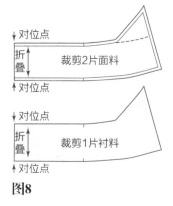

图8

图9

延长的立领

图10~图12

- 在前中线延长领子，使其宽度与衣身搭门的宽度相等。延长的领角是圆的。后片立领跟背心的后领弧线缝合。标注钉扣锁眼的部位。

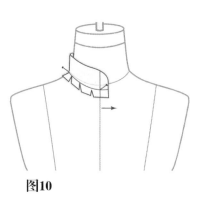

图10

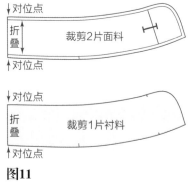

图11

图12

完成纸样

- 裁剪2片面料，1片衬料。

彼得潘领

学习彼得潘领可以让我们掌握全翻领、半翻领和平领的结构处理方法。这些方法适用于所有的开门领，比如水手领（见第262页）。

原则

图1

要使领子结构稳定，即当领口的扣子解开时领子的形状不变，则内领口线要和人体颈根曲线的弯曲方向一致。两条弧线越相近，领座就越低。弧线相差越大，领座越高。

运用以颈侧点为轴心转动纸样的方法制作纸样，设计师可以裁剪出全翻领（领座高2.5cm）、半翻领（领座高1.3cm）、平领（领座高0.3cm）。内领口线的曲度控制着领座的高度和领面的宽度。

图1

领座高和领面宽的关系

图2

- 拿基础领围线跟各个领子的内领口线进行对比。比较每个领子的领面宽和领座高。
  - 全翻领：领座高2.5cm，领面宽7cm（A）
  - 半翻领：领座高1.3cm，领面宽8.9cm（B）
  - 平领：领座高0.3cm，领面宽可自由设计（C）
- 彼得潘领的领角设计成圆形。255页的彼得潘领（图1）是三种基础类型，是以内领口线、领座高和领面宽为分类依据的。领子前面的部分可以设计成任何形状，但必须在肩颈点附近和后侧的领子连顺。这一原则也适用于水手领（见第262页）。

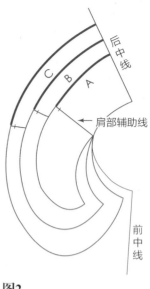

图2

设计3：彼得潘领（全翻领）

设计分析

图1

　　全翻领领座高2.5cm，总领宽为6cm。立裁的顺序是从后中线到肩部操作。在肩点做标记，将领子以肩颈点为轴心往前转动，超过肩点10.2cm。这款翻领的外领口线和内领口线平行。

图1

准备坯布

图2

- 裁剪一块30.5cm×30.5cm的坯布。
- 沿着直丝缕折叠1.3cm的布料，熨烫折线，作为后中线。
- A–B=7.6cm，领宽。做标记。
- B–C=5.1cm，经B点画垂线长5.1cm，垂直往上量2.5cm，标记为C点，延长经过C点的垂线，用曲线连接B、C。
- 沿着曲线B、C和垂线裁剪布料，虚线部位标示剪掉的布料。

立体裁剪步骤

图3

- 将布料折痕对准后中线，布料上端超过后颈点1.3cm。
- 沿着领围线打剪口，注意剪口不要超过领围线，逐渐将布料向颈侧点推转。在颈侧点用针固定，做标记。
- 在布料上用X标记肩点，去掉除了颈侧点以外的其它针，让布料围绕颈侧点往前转动。

将领子往前转动

图4

- 这张图表现了布料围绕颈侧点往前转动后的位置。
- 按照图示继续操作，完成全翻领。制作半翻领的方法请参考平领的操作方法。

图5

- 让肩点的X标记往前转动10.2cm，在肩点用针固定坯布。
- 沿着脖颈抚平布料，用针固定。
- 从颈侧点到前中心画出内领口线。

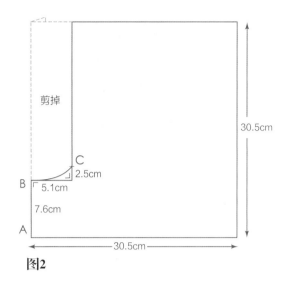

图2

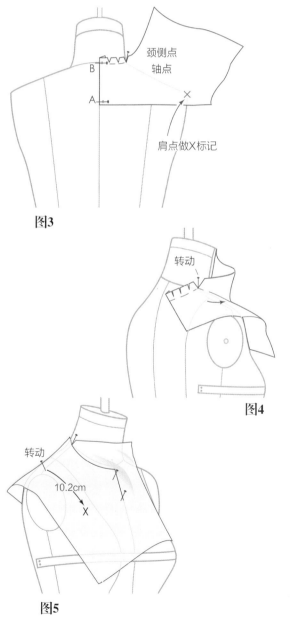

图3

图4

图5

图6

- 沿着内领口线打剪口，剪口不要超过弧线。
- 平行于内领口线画外领口线（也可以自由设计），使领子总宽6.4cm。
- 将领子从人台上取下来，完成后领部分的轮廓线。
- 将多余的布料修剪掉，留0.6cm的缝份。

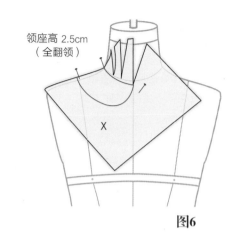

领座高 2.5cm
（全翻领）

图6

重新将领子固定到颈根

图7

- 在后颈点用针固定，往上2.5cm也用针固定，作为翻折标记。
- 沿着内领口线固定领子，直到肩颈点。

图8

- 沿着内领口线将领子固定。

后片

图9

- 将领子往外翻折，用针固定。

前片

图10

- 一直翻折到前中心，根据需要进行调整，标出翻折线。
- 将裁片从人台上取下，完成纸样。

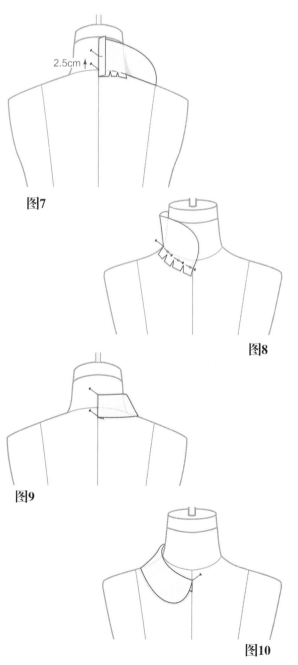

2.5cm

图7

图8

图9

图10

完成纸样

确定领子结构，拷贝纸样

图11

- 按照图示数据调整领子轴心周围的内领口线（内领口线在半翻领和平领中不明显）。观察放大图（虚线是最初的内领口线，实线是调整后的）。
- 在领子与肩线的交点处做对位记号。
- 将后领放到对折的纸上。
- 用滚轮拷贝领子缝线，标好对位点。
- 拿掉拷贝纸，用铅笔印画线。

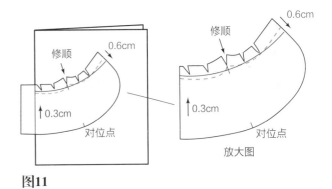

图11

领面

图12

- 用铅笔擦印画出领子外形，标好对位点。
- 领子的内领口线应该比衣身领围线长大约0.3cm（两侧的对位点外各长出0.2cm），以补充领子翻折后增加的厚度。
- 领宽线应该和翻折线平行，逐渐弧向前中线。
- 在领子边缘放出0.6cm的缝份量。
- 剪下领子纸样，和衣身纸样对合。
- 剪下领子纸样，按图示标出后中线，肩点，和领子边线。

领里和衬料纸样

图13

- 将领子的后中线放在对折的纸上。拷贝领子轮廓线，在弧线上标出领子后中线。
- 用锥子按住领子前中心点，转动领子直到后领上抬0.3cm。重新拷贝领子，并标记对位点。领里比领面略窄略短（缝迹线）。当领里领面缝合时，布料斜纱拉伸会弥补这个差量。
- 将纸样裁剪下来，**在内领外口线上做对位标记**，标注后中线。
- 如果是专用衬布，缝合时就用领面的纸样来定位，如果不是，就用领面纸样来裁出衬布纸样。

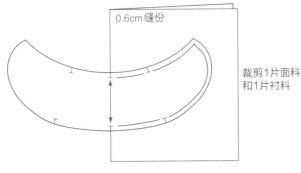

图12

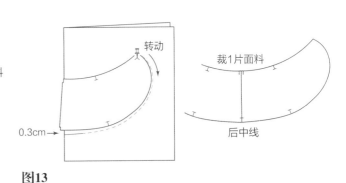

图13

设计4：彼得潘领（半翻领）

设计分析

图1

　　半翻领的领座高1.3cm，整个领子宽8.9cm。

　　设计变化：将领子翻上去会有特殊的效果，加宽领子，造型会显得更夸张。

图1

准备坯布

参考第257页图2准备坯布。用尺寸表里的4#数据，参考第257页图3和图5的立裁步骤，距X点5.1cm做标记。

立体裁剪步骤

图2

- 转动X点，使其超过肩点5.1cm，在肩点用针固定。
- 沿着人台领围线抚平布料，固定。
- 画一条领围辅助线。
- 沿着领围辅助线打剪口。
- 平行与内领口线画出领子宽度（也可以自由设计），宽为8.9cm。
- 将多余布料修剪掉，留0.6cm缝份。
- 将领子从人台上取下，画出领子后部的轮廓。
- 修剪领子边缘。

将领子固定到颈根

图3

- 在后领中线及往上1.3cm处用针将领子固定在人台后中线上。
- 沿着领内弧线用针固定坯布，直到颈侧点。

图4

- 沿着前面的内领口线用针固定。

后片

图5

- 将领子翻下来，用针固定。

前片

图6

- 将领子往外翻折，用针固定。
- 将领子从人台上取下来，完成纸样的方法参考第259页。

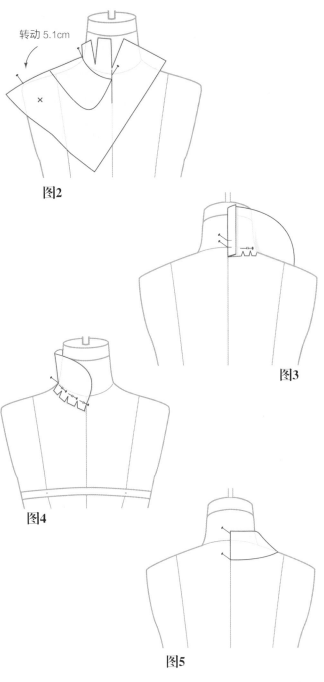

转动 5.1cm

图2

图3

图4

图5

图6

设计5：水手领

传统的水手领是V形领口，被用在各种服装中。水手领可以是对襟式的也可以在前中系扣。水手领属于平领，下面将按照彼得潘领的方法来裁剪。

设计分析

图1

水手领的后面很宽大，前面从肩线开始逐渐收缩，顺着V形领口在前中线结束。与之相连的衣身可以提前裁剪也可以之后裁剪。下文给出了V领的深度和长度，以供设计师参考。

图1

准备人台

图2，图3

- 用针在人台上标注后领的长度和V领的深度。
- A–B，加1.3cm=（后领长度）_____。
- B到肩线，到C，加15.2cm=（领子全长）_____。
- 宽度=16.4cm。

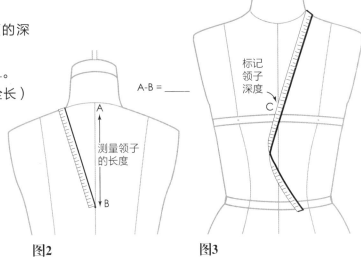

图2   图3

准备坯布

下图给出的数据可做参考。

图4

- 裁剪长宽相等的布料。
- A–B等于后领的长度，垂直后中线画长为6.4cm的直线，往上垂直画长为2cm的直线，记为C。
- 从B到C剪出曲线，再从C点一直剪到布料另一端，距离布边2.5cm。
- 按丝缕折叠1.3cm的布料边缘。

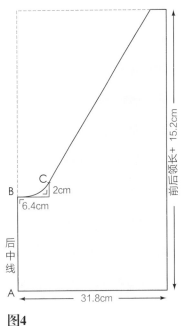

图4

立体裁剪步骤

图5

- 将折叠好布料直丝缕线对准人台后中线，布料边缘超过后颈点0.6cm，用针固定。
- 沿后背抚平布料，固定。
- 沿后颈根抚平布料，按照领围线打剪口。
- 修剪领围线下的布料，留0.6cm缝份。
- 在颈侧点固定一根针。
- 用X标记肩点。
- 去掉所有的针，除了颈侧点的那根。

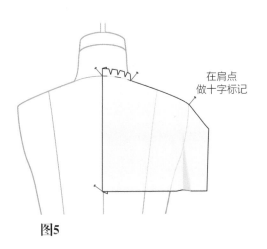

图5

图6

- 将肩点标记往前转动1.3cm，用针固定新的肩点。
- 画出V形领口线和领子外弧线（可根据款式变化）。将领子从人台上取下，修顺轮廓。

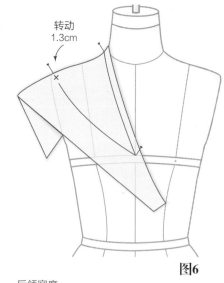

图6

修顺领子纸样

图7

- 标出后领的宽度，画垂线，与领子前面的弧线连圆顺。用布料裁剪出领子。

图8

- 将领子的后中线与人台后中线对合。
- 从后颈点往上0.3cm处用针固定。

图9

- 翻折领，在后中线固定。

图10

- 折叠前面的领子，将盖在V形领口线上的缝份折叠，别合领子。
- 将领子从人台上取下来，拓画到纸上。对合内领口线和衣身上的领围线。
- 参考第259页裁剪领里和衬料。

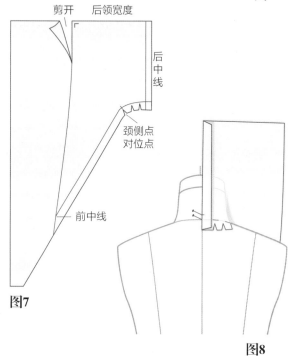

图7

图8

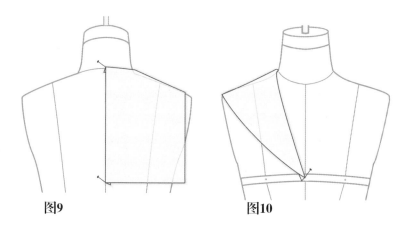

图9   图10

设计6：敞领口的领子

远离基础领围线的领子灵活多变，可以应用到很多服装的设计中。稍加变化就能应用于日装、晚装和休闲装。

设计分析

图1

宽大的领子包住领口线，领口线从前颈点往下落了6.4cm，穿过肩线中点，到达后颈点以下3.8cm。领子的外观宽度是11.4cm（翻折线到领子边缘），领座高度是2.5cm（领子的总宽度是14cm）。

立裁结束后请保留裁片，方便其它款式的设计制作。269页展示的是另外两款设计。

图1

准备人台

图2

- 调整人台到适合的高度，用针标记出领口线。
- 测量从后中（B）到肩线中点（C）的曲线，加2.5cm。记为：_____。

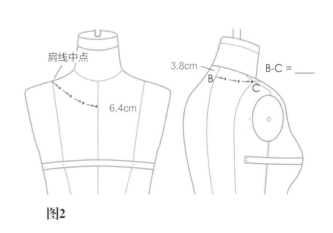

图2

准备坯布

图3

- 裁剪一块矩形布料：长33cm，宽35.6cm。
- A–B=领宽（11.4cm），做标记，加2.5cm 的领座高，再做标记（总宽14cm）。
- B–C=14cm，连接B和C，垂直于布边。从 C点画垂线，与布边平行。
- 画B–C的平行线，距离3.8cm，修剪多余布 料（虚线部分）。

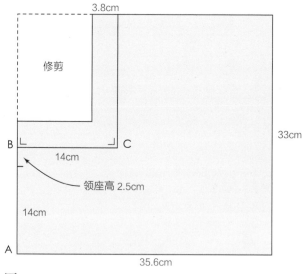

图3

立裁后领

图4

- 从布边量2.5cm画直丝缕，将B点对准人台 上的标记点，用针固定，同时在A点固定。
- 将布料从后中线到肩部抚平，在肩点用针固 定。
- 在肩线中点做标记，用针固定，打剪口。
- 按照人台上的标记线用铅笔擦印画出后领口 弧线。

图5

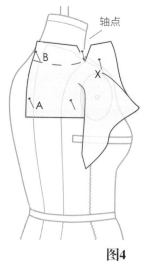

图4

- 修剪后领口的布料，留1.3cm的缝份，打剪 口，注意不要超过领口线。
- 在肩点标记一点，从该点沿着袖窿弧线往下 3.8~5.1cm，做X标记，如图所示。

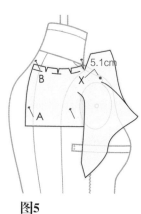

图5

立裁前领

图6和图7

- 以肩线中点为轴心往前转动布料，直到X标记和肩点重合，用针固定。
- 抚平前面的布料，按照人台上的标记用铅笔擦印画出前领口线。
- 从前中心的标记线往上2.5cm，用曲线连顺这一点和肩线中点（图6）。
- 沿着这条曲线修剪面料，留1.3cm的缝份，打剪口（图7）。

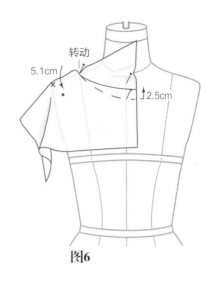

图6

修顺领口线，画出领子外形

图8

- 将领子从人台上取下，修顺领口弧线。

图9

- 如果肩线中部逐个修顺，则参考图9的a和b，修顺领口弧线（短画线）。

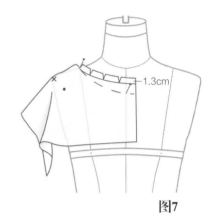

图7

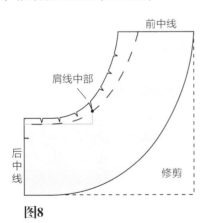

图8

a

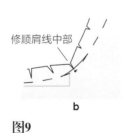

b

图9

将领子固定到人台领线上

图10

- 将领子翻到上面，用针固定在后领线上，使缝线在针标记的上方。针侧着固定，以避开面料下面的针标记。

图11

- 沿着人台标记线固定前领围线，坯布盖过前中线。

折叠领子

图12

- 将领子的后部翻折下来，在领口线上2.5cm用针固定（领座）。

图13

- 将前面的领子翻折下来，标记出想要的领子外轮廓。
- 检查翻折线是否平顺，调整针让翻折线平顺（针会让翻折线扭曲）。当领子缝合之后才能最终判定翻折线的平顺。
- 效果图里的领子视觉宽度是10.2cm。按照喜欢的造型修剪领子。
- 参考第259页完成领子纸样。

宽领的变化款

下面的两款设计是以第265~267页介绍的领子为基础来完成的。

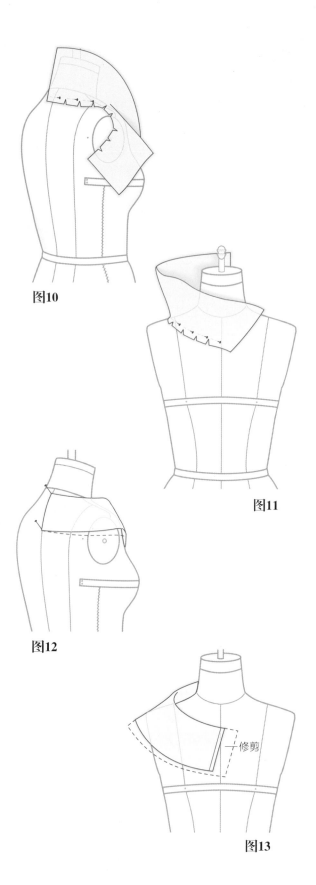

图10

图11

图12

修剪

图13

抽绳荷叶边

图14和图15

- 按照人台上的标记线固定好领子裁片。
- 在标记线以上2.5cm处绕一圈带子或者松紧带。调整褶，将领子边缘折叠成合适的高度。标记折叠线，以及带子的位置。

图16

- 去掉针，修顺布料上的标记点。将新的线条拷贝到原来的领子纸样上。
- 缝平两行线固定抽褶，或者用松紧带。

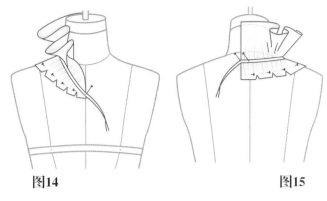

图14   图15

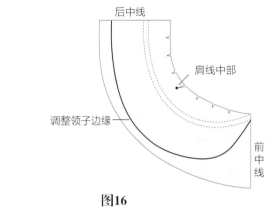

图16

塔克褶领子

图17和图18

- 从后中线到肩线中部固定好领子裁片，抚平前面的坯布，将裁片均匀分布在前面。将领子外沿按需要的高度折成优美的弧线。标记折线。
- 在肩线中部用针固定余量（比如1.6cm的褶量，共有余量3.2cm）。标记褶裥的外边线，将余量往内折叠形成箱型裥。

图19

- 将坯布从人台上取下来，画出褶裥边线，打上对位孔，修剪领子外边线。将裁片拷贝到原来的领子纸样上。

图17   图18

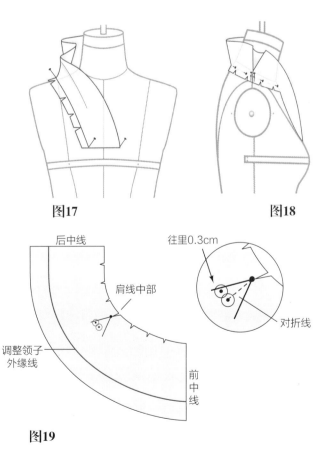

图19

套头领

套头领要按照衣身领口线，用斜丝来裁剪。当领子固定或缝合到衣身上时，斜丝能拉伸。斜丝的拉伸性让领子贴合脖颈而不会有折痕。如果面料不具有弹性，那么后中线必须要有开口，可以用拉链、扣子、钩袢来闭合。

设计分析

图1

单层套头领（a）按照基础领围线裁剪。按效果图，完成后的领子宽度为3.8cm。也可以自由设计宽度。

双层套头领（b）按照基础领围线裁剪。实际领宽为图示的两倍。

宽皱领（c）按照敞领口裁剪。宽大的套头领堆积在领围线上形成特殊的效果。

为避免出现折痕，领子应该用斜裁，完成后的领子纸样会比衣身的领围线要小。

a　　　　　b　　　　　c

图1

设计7：单层和双层套头领

准备坯布

图1

- 测量领围尺寸，加2.5cm= _____ 。
- 裁剪一块长宽为50.8cm的正方形布料，来制作270页的图1a（如右图1）。
- 裁剪一块长宽为55.9cm的正方形布料，来制作270页的图1b（双层套头领）。
- 将直丝缕折叠到横丝缕位置，找到正斜丝缕。

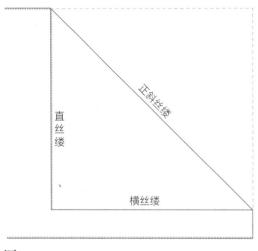

图1

图2

- 画出布料斜丝缕的平行线，距离等于领宽。
- 在这条平行线上量取领围长度，连成矩形。
- 距离平行线1.3cm放出缝份。
- 将矩形剪下来。

图2

立体裁剪步骤

图3

- 将折边朝上固定。固定后中线，沿着脖颈一直固定到肩部，轻微拉伸布料。

图4

- 继续轻拽布料，固定前领部分。
- 在领围线外留1.3cm的缝份量。
- 打剪口，剪口不要超过领围线。

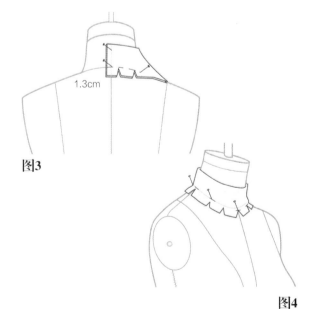

图3

图4

图5

- 在后领中线将领子重合固定。
- 将裁片从人台上取下，修顺线条，拷贝到纸张上。

斜丝领子纸样

图6

- 裁剪领子将其缝到衣身上。
- 当缝合领子时，如果面料被拉长，测量并标记多出来的量，调整领子纸样，调整对位点。

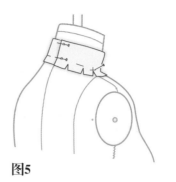

图5

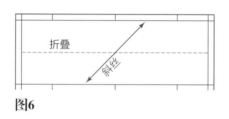

图6

设计8：宽皱领

设计分析

按照敞领口进行裁剪。宽大的套头领堆积在领围线上形成特殊的效果。

准备人台

图1

- 用针标出距离人台颈根围2.5cm的平行弧线。领围线的形状可以变化。
- 测量领围长度，加2.5cm。

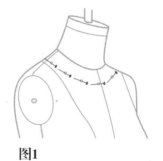

图1

准备坯布

图2和图3

- 剪下一块55.9cm的正方形布料，沿对角线折叠。
- 画出布料斜丝缕的平行线，距离等于12.7cm，并画出矩形。
- 在平行线外放出1.3cm缝份量。
- 在纸张上画好辅助线。

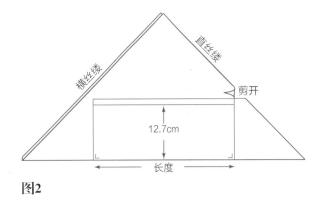

图2

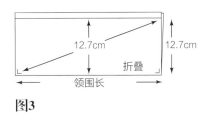

图3

立体裁剪步骤

图4

- 裁剪领子后半部分，轻微拉拽布料。
- 在肩部做对位标记。

图5

- 继续向前裁剪领子前半部，轻微拉拽布料。
- 在前中线标记对位点。

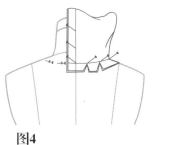

图4

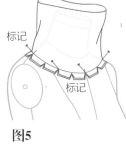

图5

图6

- 固定后领。
- 将裁片从人台上取下，制作纸样。
- 裁剪领片，与衣身缝合。
- 当缝合领子时，如果面料被拉长，测量并标记多出来的量，调整领子纸样，调整对位点。

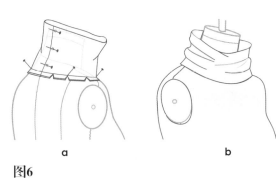

a   b

图6

立领

第10章

- 设计1：烟囱形立领
- 设计2：船形立领
- 设计3：独立裁片的立领

连身领将基础领围线往上延伸，在裁剪时要符合脖颈微微前倾的结构。有两种合成领线：**连身领**和**分割领**。合成领线常用在男女式衬衣、夹克和外套的设计中。由于合成领线造型特殊，需要加贴边。

设计1：烟囱形立领

设计分析

图1

　　烟囱形立领可以在基础领围线上延伸任意量（但必须考虑舒适性）。前领部分有0.6cm的放松量，后领部分有省道。

　　设计a和b的立裁方法相同。设计b的领子是弯曲的，在前中线延伸，留有钉扣锁眼的位置。

　　与之相连的衣身任由设计师选择。

准备坯布

- 按服装需要的长度加上10.2cm。
- 距布料边缘2.5cm画出直丝缕。

立体裁剪步骤

前片

图2

- 将布料的直丝缕对准人台前中线，布料上端比前颈点高10.2cm，用针固定。
- 完成从前中线到肩点的衣身立裁。
- 将布料上的直丝缕往外拉0.6cm（偏离人台前中心0.6cm）。在前颈点往下7.6~10.2cm处打剪口，并标记新的前中线。这时领子曲线部位会出现褶皱。

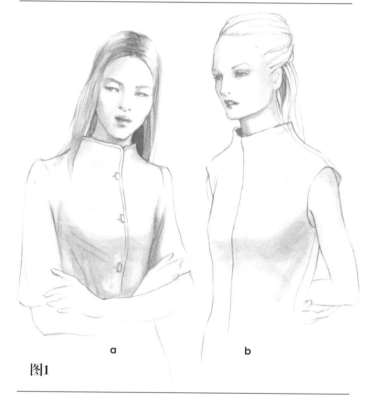

图1

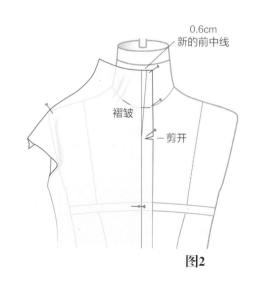

图2

图3

- 标出领口线，在上端留2.5cm缝份，修剪多余布料（虚线所表示的部位）。
- 在领子侧面临时固定一根针以控制褶皱。

图4

- 围绕脖颈将侧面的布料推向肩部，抚平顺，用针固定。
- 将领子侧面的针去掉。
- 标记领口线和肩线。
- 距离颈侧点1.9cm标记一点，打剪口。
- 在颈侧点上面1.3cm处标记一点，画出领口辅助线。
- 修剪多余布料（如虚线所示）。
- 前领完成。
- 在出现褶皱的部位用针临时固定。

后片

图5

- 将布料上的中心点对准人台后中线，布料上端超出后颈点5.1cm。
- 完成后衣身的立裁。
- 在后领口线的1.3cm处别合一个0.6cm的省道。
- 标出领口线和肩线。
- 距离颈侧点2cm标记一点，并打剪口。

图6

- 从颈侧点往上1.3cm标记一点。
- 留出后领的高度，修剪多余布料。

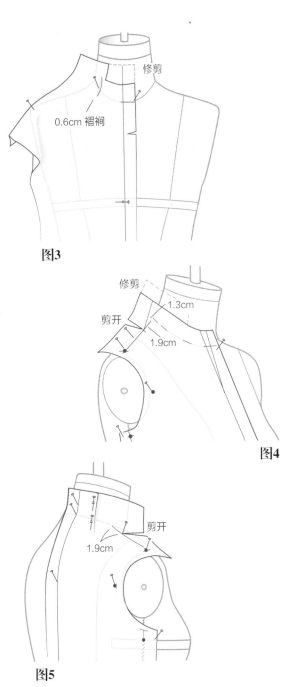

图3

图4

图5

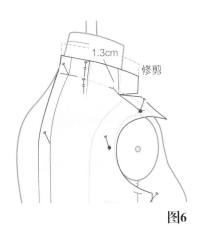

图6

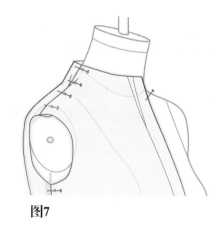

图7

- 从剪口位置到肩点拼合前后肩线。
- 从剪口处往上别合前后领，直到1.3cm标记点为止。
- 取下裁片，确定轮廓线，在前中心放出1.3cm的缝份，画出纸样。

图7

前片贴边

图8

- 将纸对折放在前片裁片下，折边与中心线对齐（a）。
- 拓画对位点下2.5cm到领子上端的部分（b）。（如虚线所示。）
- 裁剪2片布料，1片衬料（c、d）。

后贴边

图9和图10

- 拓画对位点下2.5cm到后领上端的部分。
- 闭合省道，重新拓画纸样。
- 裁剪4片面料和2片衬料。
- 修顺领子外沿弧线，一直到门襟。
- 用面料裁剪2片带门襟的前贴边。
- 用衬料裁剪2片贴边。
- 标注钉扣锁眼的位置。

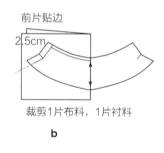
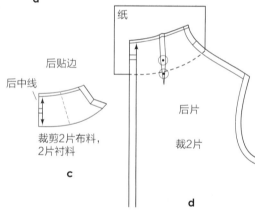

图8

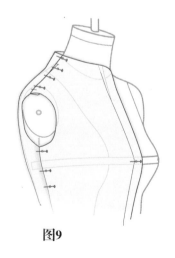

图9

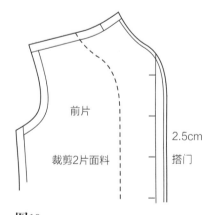
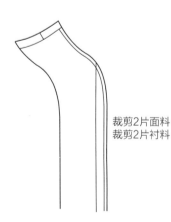

图10

设计2：船形立领

船形立领的领口线比基础领围线高并且宽。这里给出了两款船形立领：一个在前面有塔克省（图1a），另一个没有省（图1b）。

设计分析

图1

将胸省转移到领口形成塔克省。后片肩胛省放松到领子上，也可以收省处理（a）。

按照上面一款的方法裁剪，但是在前领口收掉1.3cm的松量，其它余量作为放松量，不做省道（b）。

准备坯布

· 在衣长的基础上加上10.2cm。距离布料边缘2.5cm画出直丝缕。

立体裁剪步骤

图2

· 将布料的直丝缕与人台前中线对正，布料边缘比前颈点高7.6cm。
· 在胸高点用交叉针法固定。
· 在侧面将布料横丝缕对齐人台上的胸围线。
· 将余量推向领口，距离前颈点5.1cm固定省道。
· 标注出省道边线。

图1

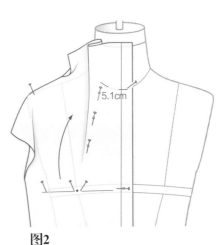

5.1cm

图2

图3

- 在省道所在的位置，从基础领围线往上量0.6cm，修剪多余的布料。
- 在基础领围线上找到省道边线，从边线往外放0.6cm，做标记。沿省道边线往下5.1cm，向外放出0.3cm的量，做标记。
- 顺着这两个标记点修剪布料，留1.3cm的缝份。去掉虚线部位。

图4

- 画出肩线。
- 在肩线中线打剪口。
- 距离颈侧点2cm做标记。
- 别合省道边线。
- 修剪肩部，留2.5cm缝份。修剪船形领外轮廓线。

图5

- 将布料的直丝缕对准人台后中线，布料边缘高出后颈点7.6cm。固定并标记后领口线。
- 在领口线上将布料余量折叠固定（不是省道）。
- 画出肩线，在肩线中部打剪口。
- 距离颈侧点2cm做标记。

图6

- 去掉固定余量的针。
- 修剪肩部，留2.5cm缝份。修剪船形领外轮廓线（临时线条）。

图7

- 将前肩搭在后肩上固定。
- 调整领子的高度和偏离脖颈的距离。
- 完成裁剪过程。从人台上取下裁片，修顺线条，拓画纸样。

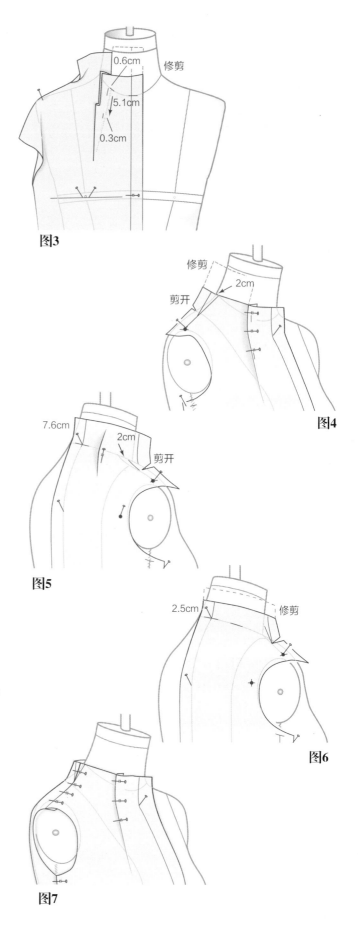

图3

图4

图5

图6

图7

完成纸样

图8

前片贴边
- 拷贝贴边纸样，闭合省道。
- 用面料裁剪2片贴边，用衬料裁剪1片贴边。

后片贴边
- 拷贝贴边纸样。
- 用面料裁剪2片贴边，用衬料裁剪2片贴边。

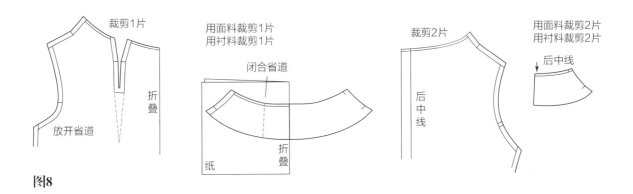

图8

设计3：独立裁片的立领

独立裁片的立领可以在任何形状的领围线上进行设计。

设计分析

图1

不管是连接到什么样的领围线，必须要在前后领的三个位置分别加放0.6cm的放松量。在颈侧点要加放1.3cm，这是为了让领子离开脖颈。

图1

准备人台

图2

* 用针或者标示带标出领围线，从前颈点往下3.2cm开始，到肩线中线结束。

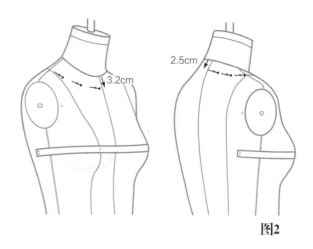

图2

准备坯布

图3

* 根据款式的长宽要求裁剪布料（例如25.4cm×12.7cm）。
* 距布料边缘2.5cm画出直丝缕，作为前中线。

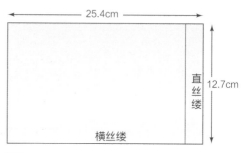

图3

立体裁剪步骤

前片

图4

* 将布料上的前中线跟人台前中线对合，布料下端距离人台上的领围线3.8cm。
* 沿着领围线抚平布料，用针固定。
* 在图示的三个位置别合褶裥，褶裥大小为0.6cm。
* 标记肩线，在颈侧点往后1.3cm处做标记。

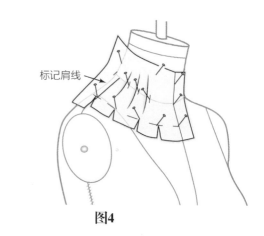

图4

后片

图5

* 重复前片的立裁步骤。

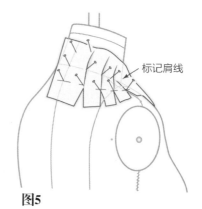

图5

图6

- 去掉固定褶裥的针，将前片领子修剪到合适的高度。
- 按图示加放1.3cm的缝份。

图7

- 去掉固定褶裥的针，将后片领子修剪到合适的高度，将前后领子别合，修顺整个领子弧线。按图示加放1.3cm的缝份。

图8

- 别合前后肩线。
- 根据需要调整领口线。
- 完成立裁。从人台上取下裁片，修顺线条，完成纸样。前片领子要连裁。
- 检查服装的合体度。按需要调整领子结构。

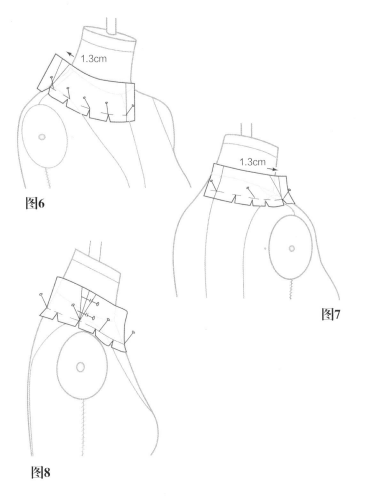

图6

图7

图8

完成纸样
贴边

图9

- 后领：用面料裁剪4片，衬料裁剪2片。
- 前领：用面料裁剪2片，衬料裁剪1片。

用面料裁剪4片，衬料裁剪2片

叠门量2.5cm

用面料裁剪2片，衬料裁剪1片

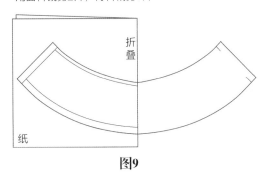

折叠

纸

图9

垂褶领

第11章

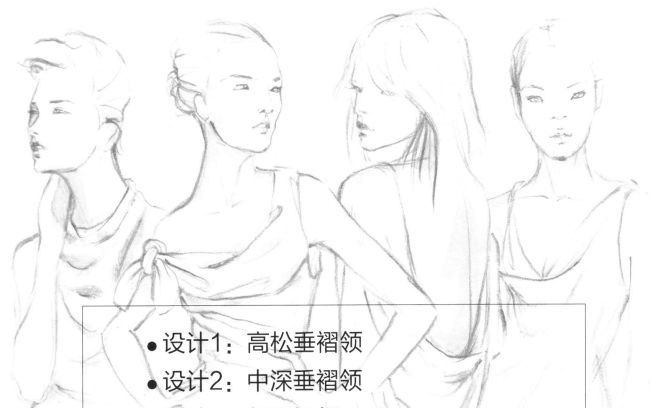

垂褶领是通过让面料垂落到所需要的深度并确保是从斜向三角边处产生折子。当裁剪柔软布料、宽松的机织物如绉、丝绸、纱、人造丝、缎，或者某些针织物时，垂褶领的立体裁剪最好用正斜方向来做。衣身垂褶领的深度取决于从胸部以下收取余量的数量。垂褶领深度越低，所需要的余量越大，这也是省道余量操作的一个应用。

垂褶领的类型

图1

　　垂褶领可以用或者不用活褶碎褶进行立体裁剪，也可以有很少或很多的褶。垂褶领可以下落到不同的深度，使任何衣服看起来都是柔软的。垂褶领是从肩部、领口、袖窿，或者是从裙子、礼服、衬衫、裤子、外套和大衣的腰围线处进行下垂设计。在胸针或夹子的帮助下，垂褶领可以被牵引到任何方向来设计出有趣的造型效果（可参照图1的设计b）。

　　垂褶领可以与衣服成为一体或者不是一体的，不是一体的垂褶领可以节约布料。服装的斜裁比直裁要用掉更多的布料，同时因为这个原因，斜裁的服装要比直裁的服装要更贵一些。a到c是基于原型的变化设计。

a　　　　b　　　　c　　　　d

图1

斜纹：怎样寻找

图2

　　找到布料的丝缕方向，将面料折叠以便使横丝缕与直丝缕重叠或平行。用划粉或缝纫线标记折线来标明正斜丝缕。

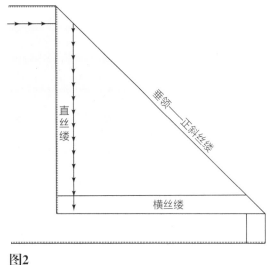

图2

图3

- 当垂领的折子向下垂落时，坯布上的斜丝缕参考线必须与人台的中线对齐。

- 当垂领的末梢被针固定到人台肩部时，直丝缕和横丝缕就会呈现反方向。在斜纹三角布片上，直丝缕角度向下，横丝缕角度向上。在立体裁剪的一侧，直丝缕处垂领的折痕出现密集，而在另一侧横丝缕处的折痕也更加紧密。

- 直丝缕纱线的捻度比横丝缕纱线更坚固。这种差异可能导致垂领的折痕会有不同程度的转动，也是经常扭动的原因。

- 衣服在斜丝缕方向的褶皱将会延伸贯穿服装操作的过程。标记过的纸样会被转移到纸上。纸样被描画并裁剪成设计好的面料并放到人台上试身。这样会在原来形状上再次延伸。

- 重新试身后，小心地标记出调整好的褶裥形状边界，并在纸样上修正。调整好的纸样要比原来的纸样小，当最后的服装被再次裁剪和缝制时，允许斜向拉伸出形状。

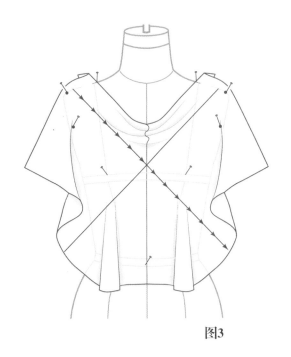

图3

扭转

　　扭转发生在当丝缕不在其应该对应的位置时，为了测试扭转，可以将手指放在垂褶领褶皱的中心并轻轻地按下。如果垂褶领的折痕发生扭转，那么去掉发生扭转部分的针，重新做立体裁剪，直到垂褶领的折痕平稳地起褶。在裁剪和缝纫之后再次检查服装和垂褶领的合体度。这次试身的结果是，正确的纸样在中线两侧可能不同。

图4

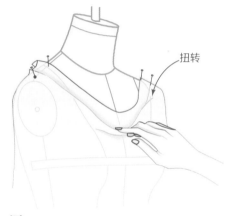

扭转

图4

- 垂褶领的贴边是和悬垂的服装连在一起的，而不是单独缝上去的。向里折叠的贴边形状有多种多样的差别，贴边可以是与折痕平行的，可以是圆的、尖的或者是覆盖在肩部和袖子部分呈一体化。一个深贴边的边缘可以增加重量以固定其位置。

图5

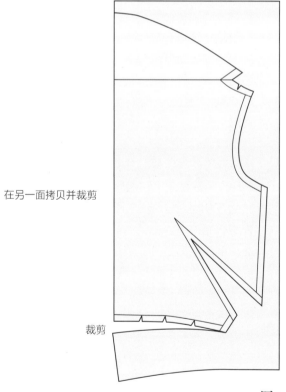

在另一面拷贝并裁剪

裁剪

图5

- 除了做垂褶领的立体裁剪外，衣身一侧也要做立体裁剪。立体裁剪可以沿着肩部、袖窿、侧缝和腰部来进行标记。从人台上取下来并校准。在斜纹参考线上折叠而成的褶皱，用针固定，并用复写纸转移到另一侧面料上。再返回到人台上做立体裁剪，用针固定住并检验是否合适。这种方法是选择性的，没有在接下来的重新设计中用图说明。关于斜纹的其它信息，见第8章。

设计1：高松垂褶领

设计分析

图1

- 垂褶领从肩部或颈部下降1.9cm的位置，略有放松，腰省量作为垂褶量（参考款式图）。如果可能的话，法式省的位置应该在丝缕方向上指向胸部。

- 如果袖子设计作为服装的一部分，那么袖窿中部是不用放松量的，因为斜纹的拉伸已经提供了需要的放松量。

- 贴边：垂褶领对叠，无袖袖窿和一个后领线，除非有另外的说明，否则都按直丝缕裁剪。

图1

准备人台

图2

- 在左右两侧的肩颈点到肩点的1.9cm处用针固定。

- 测量从针头到前颈点的距离，记录A-B，加10.2cm。

- 将针固定在腰侧来确定法式省道的位置，位置显示在图6。

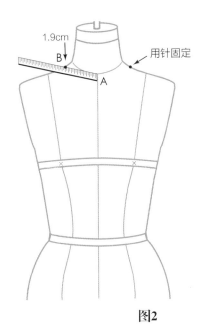

图2

准备坯布

图3

- 折叠布料使直丝缕与横丝缕重合或平行于布边。
- 用画粉标记出折痕作为斜丝缕参考线。
- 从折叠线作垂线到一点。使A−B距离加10.2cm刚好到布边。
- 从A−B线向上3.8cm，画一条向里折叠的贴边线。
- 从A向下测量50.8cm，再作一垂线穿过布料。
- 剪掉多余部分，显示如白色区域所示。

图4

- 打开布料，沿A−B线折叠贴边。
- 在中线参考线的另一边标记B的位置。

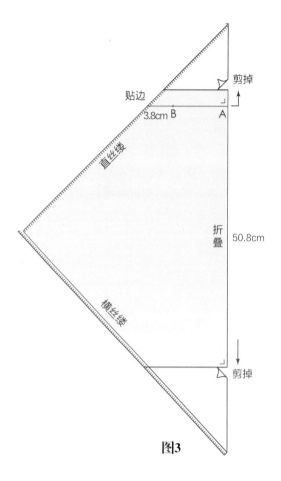

图3

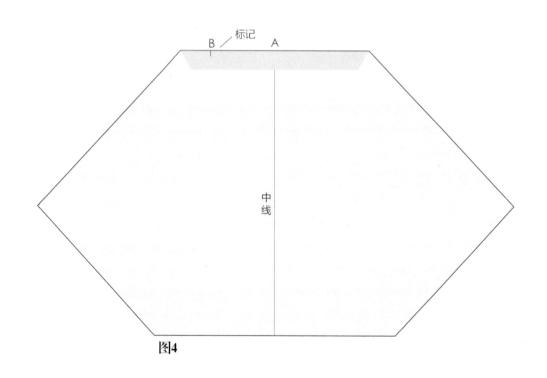

图4

立体裁剪步骤

图5

- 将每片布料的末尾用针固定在B点。A点参考线与前中线对齐。腰省余量的大约1.3cm用来做松弛的垂线。剩下的余量，从胸高点向下悬垂成喇叭状。
- 将针固定在胸高点和腰线中心处。
- 将双肩处的布料整理平滑后固定。

图6

- 从衣服的肩到袖窿到法式省侧缝的位置作立体裁剪并且标记。
- 从前腰线中心平滑持续地将余量移动到腰侧，并固定。（腰部没有放松量，斜丝缕将会提供足够的松量。）
- 将布料沿着侧缝向上平滑推布到法式省的位置，并标记省道。
- 向胸点的方向折叠省道余量，最好是按照丝缕方向折叠或是接近于丝缕。左边的省也应该按照丝缕方向或接近丝缕方向进行折叠，标记两边折叠的省道。
- 标记肩部、袖窿中部、手臂板/侧缝、袖窿深度、侧腰、并沿腰围线，标记所有的位置。
- 铅笔擦印标记侧线，并增加1.3cm的放松量。

坯布立体裁剪

- 如果是用坯布作立体裁剪，从人台上取下裁片、修顺、校准坯布并修剪余量。
- 做贴边，可参照第292页贴边纸样。做纸样并用设计的面料裁剪。后身做法可参照第293页说明来完成。

    如果一个坯布的纸样已经完成，利用它并描在绉纱布上面铺的纸上，进行裁剪。

图5

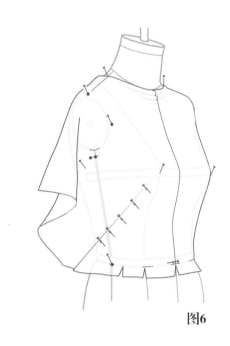

图6

绉纱立裁

图7

如果在绉纱上立裁，标记出人台（或人体模特）的轮廓，不用修剪余量，取下、修顺并校准。继续下面的指令。

- 纸料：测量出71cmx71cm，裁剪出来并对折成三角形。一边的立裁片转移到纸上。
- 将布料的直丝缕和横丝缕对齐纸一角的两边，沿着纸的边缘固定住，以控制斜丝缕的走向。
- 轻轻地将布料向纸的折痕滑动。因为斜丝缕会伸展，中心线可能会延伸超出纸的折痕，这是可以的。将垂褶领轻轻地固定在纸上。用针或者点线轮将立裁片转移到纸上。
- 将布料从纸上移开，并用铅笔画出垂褶纸样。

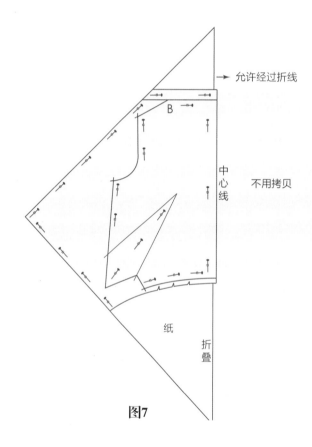

图7

贴边纸样

图8

- 折叠A-B线，描出肩线。

图9

- 打开折叠部分，从纸上剪出纸样

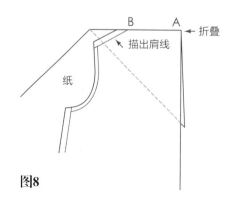

图8

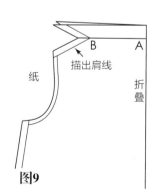

图9

图10

- 裁剪布料、缝合并检查是否合适，缝线中心可以作为参考点。
- 以下对后片立体裁剪继续说明。
- 在人台上用针固定垂褶领再次检查是否合适（模特用带子），标记肩部、袖窿中部、袖窿深、侧缝和腰围。
- 取下裁片、校准并测量新的标记点和坯布的缝线之间的距离，在纸样上修正时去掉这些量。

后衣片

图11

- 拷贝一个后衣身纸样，或根据下面的说明作后片纸样的立体裁剪。后片是按照直丝缕裁剪的。
- 弯曲的缝线止于肩部针标记点（B）处。
- 在后片立体裁剪完成后，用铅笔擦印在侧缝标记，并加1.3cm的松量。
- 从人台上取下立体裁剪裁片并校准，做出纸样。

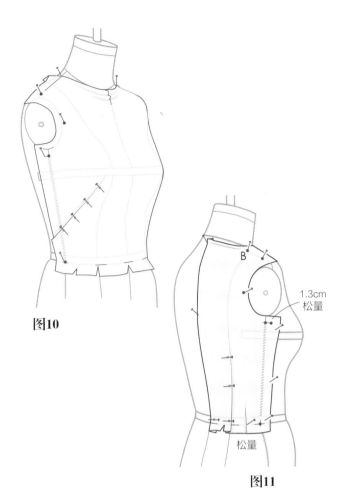

图10

1.3cm
松量

松量

图11

完成纸样

图12和图13

- 为了完成纸样，参见第5章纸样说明和缝份说明。
- 后片纸样的一片式贴边如图所示。

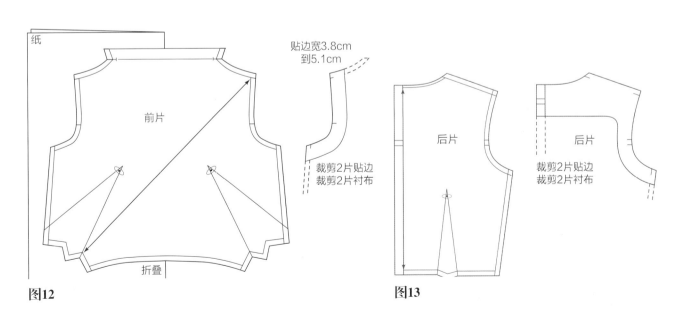

图12

图13

设计2：中深垂褶领

设计分析

图1

　　当斜丝缕布用针固定在肩部时，胸部会出现两层的垂褶领和一道折痕。垂褶领将会下垂到脖颈和胸围线之间，这表明一半的腰围余量被垂褶领褶裥吸收了。褶裥折痕线是第一层垂领。为了控制第二层垂领的位置，在肩部的面料上打剪口，使直丝缕线抬高，用针固定。法式省的位置应该在直丝缕方向固定（如果可能的话），省尖指向胸点。

　　剪去后领线，并止于肩中部，与前垂领褶一致。做后衣身立体裁剪，或拷贝后片纸样，并修剪领线。一枚胸针可以改变垂领褶设计。

图1

准备人台

图2

- 测量肩中点到前颈点和胸围线中点之间的距离，记作A–B。
- 从侧缝线向上3.8cm处用针固定并标记法式省的位置。

准备坯布

- 折叠布料使直丝缕和横丝缕重合或平行于布边。
- 标记折线（正斜向）作为参考线。

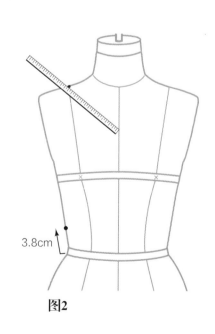

3.8cm

图2

图3

- 用A-B的尺寸垂直折线画一条线，标记并延长该线10.2cm到布边。
- 从A处往上10.2cm画一条曲线过B处后结束，这条线就是后贴边线的折线。
- 从A点处往下测量50.8cm，画一条垂线穿过布料。
- 剪去所显示的多余布料。

立体裁剪步骤

图4

- 铺平布料，沿着A-B线折叠。
- 在中心线的另一侧标记B点。
- 将布料放置在人台上，用针在两侧肩线中点B和肩点处固定。
- 参考线A下落（并保持）在前中线上形成中深垂褶领。这个垂褶领吸收了腰部余量的一半，用针固定胸点和腰线。

图5

- 将布平滑抚平到肩部，沿着袖窿向下到侧缝，再到法式省的位置。
- 将腰围线两侧的布料抚平（没有余量）。将布料沿着省的位置向上抚平。向胸点处折叠余量。如果可能，找到指向胸点的丝缕方向，并从那个位置折叠省道至最大量。
- 标记肩点、袖窿中点、袖深以及放松量，松量可为非常紧、无松量、0.6cm或1.3cm（如果设计有袖子的话）。
- 铅笔擦印标记侧缝，再标记侧腰。
- 为了形成第二层垂领并贴近肩部，打剪口并抬高丝缕线。标记肩线（肩线会稍弯曲）。
- 检查扭转情况（详见第288页图4）。修剪余量。
- 如果用绉纱或同等材质的面料来进行立体裁剪时，不要修剪余量。转移裁片到纸上的说明见第292页图7~图9。

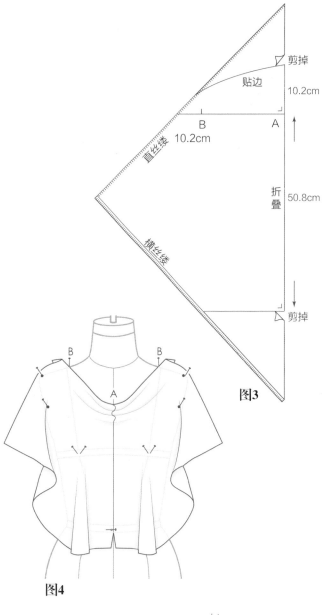

剪掉

贴边

10.2cm

B 10.2cm A

直丝缕

折叠 50.8cm

横丝缕

剪掉

图3

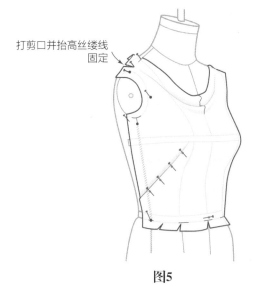

B A B

图4

打剪口并抬高丝缕线固定

图5

图6

- 做后片立裁，或者在情况允许的条件下拷贝后衣片。从颈后中点向下约3.2cm处为后领线。

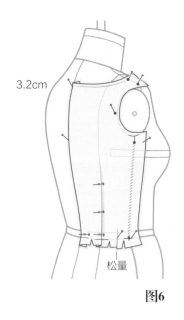

图6

完成纸样

图7

- 法式省可以剪出1.3cm的缝份，如图所示。垂领较宽，如果想再设计的话，可以折叠。
- 描绘后片纸样，加缝份和标注。参见第293页图13的指示来做贴边。第299页图7为另一个版本。

测试适体性

- 从所设计的布料上裁剪出一个垂褶领的样品进行实验，检验其适体性。
- 在检查适体性时标记任何变化，在立体裁剪中进行修正。
- 前片在折叠的纸上拷贝、裁剪、拉伸，并在完成纸样前测试适体性。

图7

设计3：低垂褶领

设计分析

图1

当斜纹布被固定在从公主线到肩点2.5cm处时，穿过胸线后会出现两层垂领和一条折痕。垂领将会垂落到胸围线水平高度上，这表明腰围线处所有的余量都转移到垂领褶了。剪掉的后领线位于前垂领褶末尾处。向里折叠的前贴边包括袖窿。后袖窿可以有贴边或者后衣片可以做成全里衬的。

图1

测量人台

图2

- 测量从胸围前中线点到过肩中点量2.5cm处的距离。
- 记为A-B。

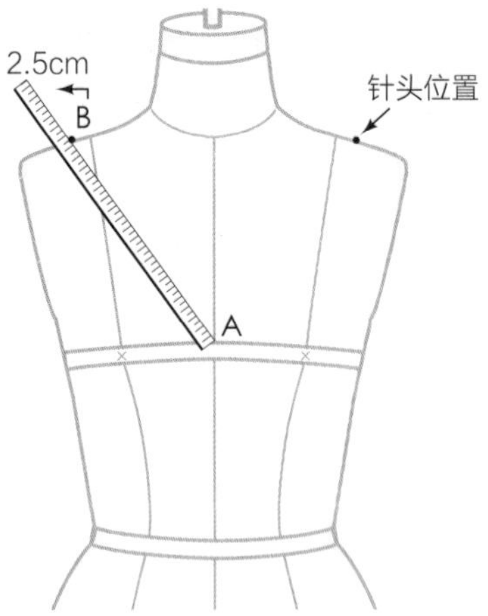

图2

准备坯布

图3

- 折叠布料使直丝缕和横丝缕纱线重合或者平行布边。
- 标记出折叠线（正斜向）作为参考线。
- 从折叠线作垂线到一点，使A-B距离加5.1cm刚好到布边。在直线上测量之后标记出B。
- 从A-B线向上3.8cm画一条平行线作为贴边。
- 从A点向下量38cm，再做一垂线穿过布料。
- 剪掉用白色显示的多余布料。

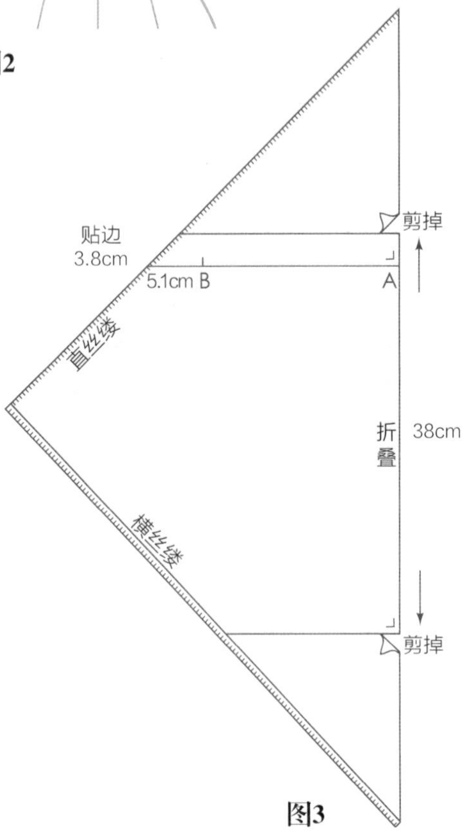

图3

立体裁剪步骤

图4

- 展开布料，沿A-B线折叠。
- 将布放置在人台上，固定两边的B点。在所有余量的作用下，参考线在A点垂落并保持在前中心线上。
- 用针固定胸点和腰部。
- 平滑地推布、打剪口，并沿腰线在布上作标记，用针固定0.3cm的松量（折叠后）。

图4

图5

- 继续向上作立体裁剪，从侧缝到袖窿，再到肩部。如果还剩有余量，沿着肩部平滑地推平余量，并在针标记处折叠到贴边里。
- 在离肩点更近的地方做第二个折子，打剪口并抬高丝缕线。
- 标记肩部、袖窿中部、袖窿深和侧腰。
- 测试扭转程度。如果是用绉纱作立体裁剪，则不用修剪松量。
- 将立体裁剪的裁片转移到纸上，可参照第292页图7~图9的说明。

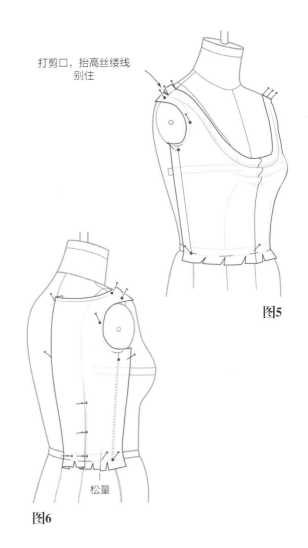

打剪口，抬高丝缕线别住

图5

图6

- 作立体裁剪或在直丝缕方向上拷贝后衣身，使领线终点和前垂领对齐。
- 取下裁片、校准并完成纸样。

松量

图6

完成纸样

图7

- 在包括袖窿的折叠线上描出贴边。
- 描绘后背，加上缝份，加上标签。画上后背线或者做一个贴边。

测试适体性

- 从设计好的布料上剪下一个垂褶领的样片，在衣服上固定住（或粗缝）袖窿贴边，测试其适体性。
- 修正立体裁剪裁片，并完成纸样。

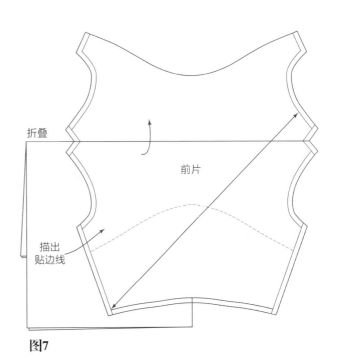

折叠

前片

描出贴边线

图7

设计4：深垂褶领与紧身胸衣

图1

设计分析

图1

　　胸弧线可以移动，允许垂褶领下落到胸围线以下。在下落的垂褶领上面展现公主线无肩带紧身上衣。无肩带服装依附在衣身的侧缝处，一起被缝在后衣片上。后衣片是描绘出来的，或者用剪掉的领线作立体裁剪。这个设计可以用于或长或短的晚礼服中。

　　图示为下面有公主线的紧身衣，可以控制垂领深度并盖住毛缝。制作说明在下面第305页。在做垂领设计的立体裁剪时可先准备下面的支撑物（紧身衣）。

准备人台

图2

- 在人台上用针或丝带等来标记出无肩带上衣的轮廓。
- 从肩点向里2.5cm做标记。

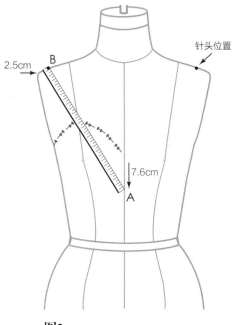

图2

准备坯布

- 胸围线下7.6cm处和肩点2.5cm处定垂领位置。记作A−B=_____。
- 裁剪出一块83.8cm的正方形布料。

准备方形面料

图3

- 将布料的横丝缕和直丝缕折叠重合或平行于彼此。标记折线作为斜丝缕指示线。
- 从折线到布边做一垂线，延长线等于A−B加上10.2cm，标记B点。
- 贴边：画一条平行于A−B，距离A−B为3.8cm的直线（可能是暂时的）。
- 向下测量50.8cm画一条垂线，如图所示剪掉白色部分多余的面料。

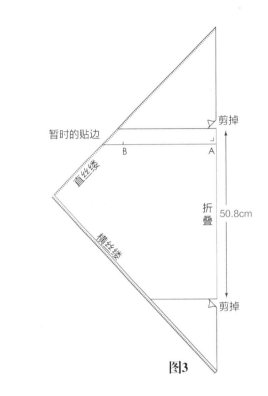

图3

立体裁剪步骤

图4

- *无肩带紧身衣*：紧身连身衣前片的立裁见309页说明（立裁到腰部而不是到躯干部分）。不同款式的内部结构设计可参照306页。如图所示在鱼骨处加放0.3cm松量。
- 将坯布缝合，放置在人台上，继续垂领的立体裁剪，或者完成纸样。裁剪、缝合然后固定在人台上。

图5

- *垂褶领的立裁*：用针将垂褶领固定在两边肩部的标记点B处，胸点处用交叉针法固定，腰围前中心处固定，并打剪口。

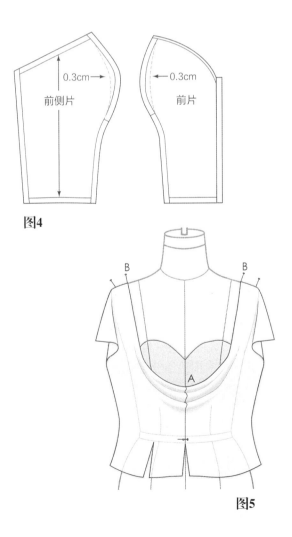

图4

图5

图6

- 沿着腰线（无松量）从中间向两侧将坯布抚平并标记。沿着侧缝两边，袖窿周围和肩部向上将坯布整理平顺。**如果余量在肩点处，去掉B处的针，然后将剩下的余量抚平后重新用针固定住。**描画出人台或者模特的体型。修剪1.3cm的余量用来做缝份。取下垂褶领裁片，为后衣身立裁留出空间。
- 如果是用绉纱或是同等性质的面料作立体裁剪，标记布料的边缘，不要修剪布料，参见292页的指导，将立体裁剪的裁片转移到纸上。

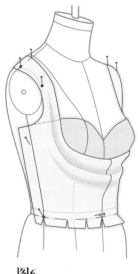

图6

后片立体裁剪

图7

- 作后片立体裁剪或拷贝后片基础纸样（沿直丝缕裁剪）。领深为颈后中点向下5.1cm，距肩点3.8cm。
- 完成后片立裁，将紧身胸衣用针固定，并检查适体性。

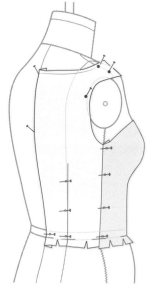

图7

图8

- 将垂褶领放置在服装上，用针固定并检查适体性。
- 在需要的地方调整褶的位置。
- 从人台上取下。校准、修顺并确定正确的纸样。

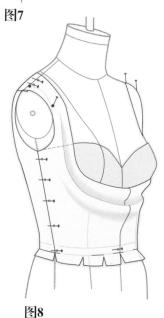

图8

完成纸样
前垂领

图9

- 在折叠的纸上描绘出一侧的褶。
- 画出包括袖窿的贴边。
- 沿着A–B线折叠，在纸下边描绘出贴边线，展开并修剪。

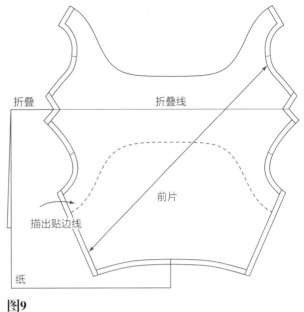

图9

后片纸样

图10

- 做出贴边纸样，或将后片做成全里衬式的。
- 缝纫建议：全里衬式后片。
- 缝合前垂领的袖窿。翻转过来修剪多余的缝份。对后袖的做法与前袖相同。
- 将无肩带紧身衣和垂褶领夹进后侧缝的面料与里料之间。将前肩夹进后肩，继续穿过后领线。配上裙子。

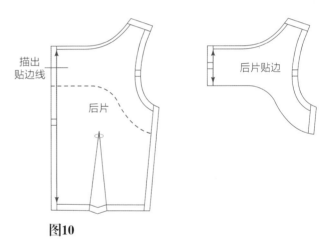

图10

设计5：褶裥垂领

图1

这里阐述两个款式的褶裥垂领。

- 三褶垂领详见第305页。在第305页显示的立裁如同款式a。
- 带褶裥的垂领连续到腰线（第308页图1），显示在第308页。
- 后衣片的立体裁剪说明适用于这两款设计。
- 完成你所选择的设计,显示在第307页。

图1

准备人台

图2

- 从公主线到脖颈点至胸线中间测量出垂领的深度;如果认为其它的位置比较好,测量这些点以备使用。
- 在垂领深度下2.5cm,胸高点之上7.6~8.9cm处标记无肩带胸衣位置。

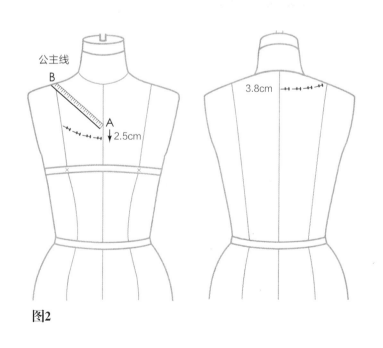

图2

设计6：三褶垂领

准备坯布

图1

- 裁出一块83.8cm×91.4cm的矩形面料（坯布）；
- 将面料折叠使直丝缕和横丝缕重合或平行。在面料上裁下一个直角；
- 对折叠线进行标注，作为立裁时的参考线；
- 在折叠线上作垂线至布边，其长度等于A-B的距离加5.1cm；
- 在线上标记出B点到面料的底边；
- 在A-B线以上3.8cm处作一平行线作为向里折叠的贴边。

设计分析

垂领始于肩部中间位置，落于胸围线中部。斜裁面料因为有拉伸，所以会比测量值多出1.3cm左右。

垂领的褶裥量收掉1.9~2.5cm，剩下的部分由法式省收掉。尽量将一边的省道边靠近丝缕方向从而减少拉伸。人台的准备参见第304页。

立体裁剪步骤

图2

- 打开面料并沿A-B线折叠；
- 将中线对齐，肩部两边的点用针固定（B）；
- 折叠褶裥垂领，深度大约为1.9cm~2.5cm在肩部位置留出约1.3cm的间隙。为保险起见，将折叠面料上的每个褶裥都用针固定；
- 胸高点用交叉针法固定，在袖窿中部，前中腰部做标记；
- 检查折线是否扭曲并根据需要进行校正（见第288页图4）。

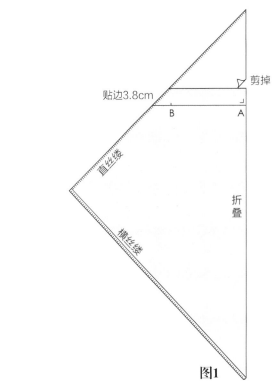

图1

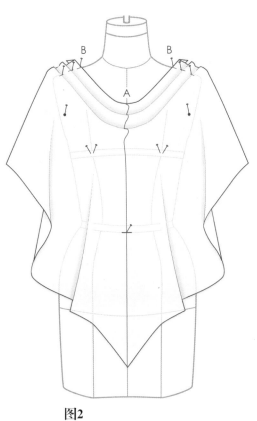

图2

图3

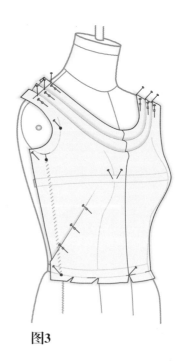

- 用针固定褶裥并标记肩线；
- 从肩点绕着袖窿将坯布抚平，标记袖窿中部（无松量）、袖窿深；如果有袖子的话，需在侧缝处增加1.3cm的松量；
- 将侧缝以下的坯布抚平，距侧腰线5.1cm处为法式省位置；
- 沿腰线抚平坯布（无松量）；抚平侧腰部的余量并进行标记，继续向上作侧缝处法式省道的位置。如果可能，按照布的丝缕方向折叠省道。
- 画出人台边界的轮廓；
- 修剪侧缝2.5cm，腰线和袖窿1.3cm；
- 将裁片从人台上取下，只去掉省道的针，不要去掉活褶的针。

图3

图4和图5

- 将褶裥平放在桌上，画出侧缝线；如果是无袖，加上0.6cm的松量，若有袖子的，则加上1.3cm的松量；
- 用尺子先画出肩线，然后在肩线以上1.3cm处作平行线。对这条线进行修剪，应使底部的褶裥展现出一个完美的轮廓（如图4所示）；
- 再次确认，运用描线轮通过肩部。去除褶裥的针，对穿了孔的标记用铅笔或划粉进行绘制（详见图5）；

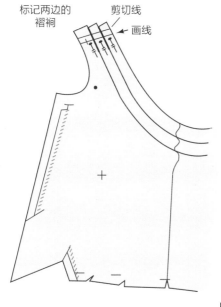

标记两边的褶裥　剪切线　画线

图4

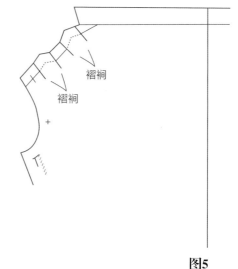

褶裥　褶裥

图5

图6

- 对后衣片进行立裁或者描绘出后片的纸样。剪掉的领线止于前片的肩线标记处，如图所示。
- 将裁片从人台上取下来。修顺并校准。缝合坯布或转移到纸上；增加0.6cm的侧缝松量，或者若袖子是设计的一部分，增加1.3cm的松量。

完成纸样

图7

- 保证裁片放到纸上时，前片有一边的褶是折叠状态，详见第293页图7。
- 用图钉或描线轮将裁片转化成纸样。
- 后背、领子、袖窿的贴边说明详见第21、22页。

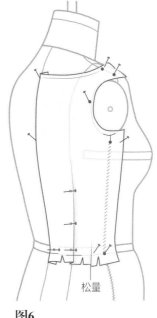

松量

图6

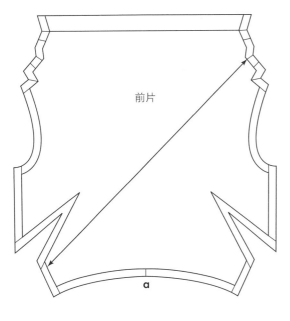

前片

a

前片贴边

b

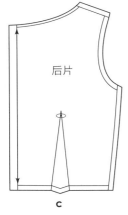

后片

c

修剪0.3cm

后片贴边

d

图7

设计7：多层垂褶领及褶裥

图1

立体裁剪步骤

图1

- 多层垂领的制作方法请参照305页三层垂领的设计方法，坯布及人台的准备都相同。按照立体裁剪步骤进行。

图2

- 继续在人台两侧从前肩点至袖窿区域对垂领打褶。**固定住每层垂领褶裥的折痕**。在图上所示位置用针固定。
- 对于覆盖在胸部区域折叠的褶裥应暂时固定，因为来自于腰部的喇叭形（多余部分）会向上打褶。
- 将余量折入褶裥中，增加褶裥底层，作为一个隐藏的省道。
- 为了便于立裁，将均等折叠量及间隔的褶裥从前中线向下固定。
- 沿着侧缝至腰部继续打褶，用针固定每个褶裥。

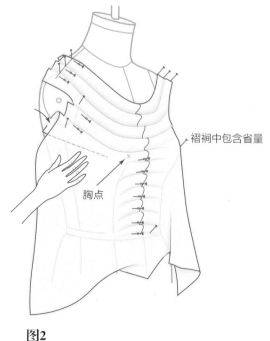

褶裥中包含省量

胸点

图2

对裁片的一边进行标记

图3

- 标记袖窿中部、袖窿弧线和袖窿深及侧缝松量，若想保持一个紧身贴体的状态则不加侧缝松量，若要宽松一些则加0.6cm松量,若袖子也是设计的一部分则增加1.3cm的松量。
- 标记肩线、侧缝线以及腰线。
- 肩线、侧缝线及腰围线修剪2.5cm，**并对两边的褶裥进行标记**。

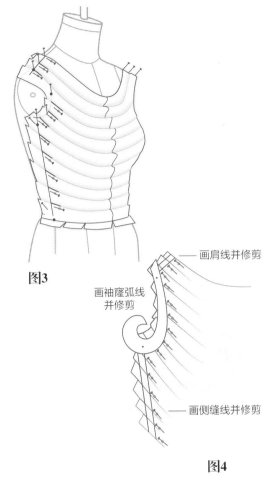

画肩线并修剪

画袖窿弧线
并修剪

画侧缝线并修剪

图3

图4

- 当将裁片从人台上取下时，不要移动任何用针固定的褶裥。
- 将裁片平放在桌上绘制袖窿弧线。
- 用直尺画出肩线，侧缝线并修顺腰线，增加1.3cm的缝份，并对这条线小心地进行裁剪，以得到一个完美的褶裥底层的形状。

图4

图5

- 去除针、校准并修顺。
- 用无蒸汽熨斗对裁片进行熨压。
- 将参考线中线放置在折叠的纸上，保险起见用针固定。
- 用图钉或描线轮将样板复制到纸样上。
- 用尺子画出样板的轮廓。标记褶裥剪口位置。

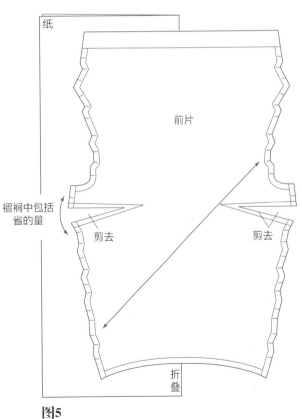

纸

前片

褶裥中包括
省的量

剪去

剪去

折叠

图5

去除省道余量

- 标记有省道余量的褶裥底层中心位置。画出收省两边位置，不包括褶裥底层。增加1.3cm的缝份并修剪省道两边多余的部分。省道的缝合线应在褶裥底层变换的位置，并隐藏了缝线。
- 加缝份并将其从纸上裁剪下来。

测试适体性

- 裁剪面料，用针固定，粗缝，或者进行衍缝（长线迹）将褶裥垂领固定在其位置，以测试其适体性。如果下层支撑衣显露出来，将垂领放在前公主线上，别住侧缝，检查其适体性，或作下层支撑衣的立体裁剪。

下层支撑衣

加入支撑衣的目的是保护设计，并包住毛缝，使成衣干净的完成，垂褶领设计是应该有支撑衣的服装设计。

公主线紧身衣立体裁剪

图6

- 公主线造型紧身衣的立体裁剪，其胸围线被除去。
- 将裁好的衣片用针别合在一起，并对其适体性进行检验。

后片立体裁剪

图7

- 对后片进行立裁，或对基础后片纸样进行拷贝，并对领口部位进行修改。开口部位在后中线上。

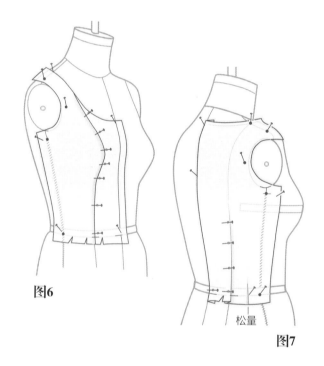

图6

图7

松量

完成纸样

图8

- 将前后公主线裁片转移到纸上，并增加缝份。
- 再拷贝一份作衬里用。
- 衬里在肩部修剪0.3cm，修顺袖窿线及领线。

缝制建议

褶裥垂领用针固定住，并被放置在同一边前片公主线的正面上，当衬里夹进来时，粗缝侧缝、袖窿和肩部的褶裥。

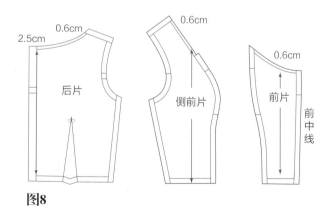

2.5cm　0.6cm　0.6cm　0.6cm

后片　侧前片　前片　前中线

图8

设计8：造型线变化的垂褶领

垂褶领具有很强的灵活性并且可以从任何造型线上作立体裁剪以进行设计变化。

设计分析

图1

组合的领弧线起于颈部周围以及胸部隆起部位之上止于胸围线的侧缝处。肩线延伸大约5.1cm超过肩点。垫肩也是一种选择，可以放在人台上方便进行立裁。如果垫肩并不是必须的并且肩线延伸超过了肩点，打褶时在袖窿中部放出1.3cm的松量，以满足拉长的肩部设计。松量需满足手臂的前移，以减少成衣袖窿的压力。垂领的起始处位于胸围线以上大约2.5cm的位置。一个法式省收掉了剩下的省道余量。通过设置一个轮廓省收掉剩余的省道余量，组合的后衣身领线就被控制住了。

图1

准备人台

图2

- 用针标记或者利用款式标记带建立造型线。
- 用针在胸围线向上2.5cm处进行标记。
- 在公主线与造型线的交点处进行标记。
- 测量垂领深，并进行记录。
- 若需要用到垫肩，应将其附于肩部，如第313页图6所示。前袖窿处的松量给放置垫肩留有空余。

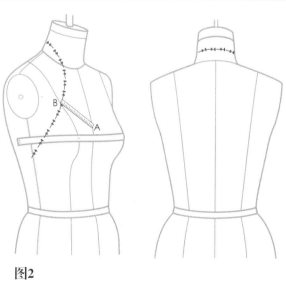

图2

准备坯布
垂褶领的立体裁剪
图3

- 将面料折叠使横丝缕保持与直丝缕平行。标记折叠线作为参考。
- 以A–B尺寸加5.1cm为长度尺寸作折叠线的垂线与布边相交。并在线上标记出B点。
- 距 A–B线向上3.8cm处作平行线或曲线作为贴边。
- 以A点为起点沿折叠线向下45.7cm作直线。

落肩式育克

- 面料不能使用斜丝缕方向裁剪，长为45.7cm，宽为30.5cm。

后衣片

- 详见第58页坯布的准备，并在长度上增加12.7cm。

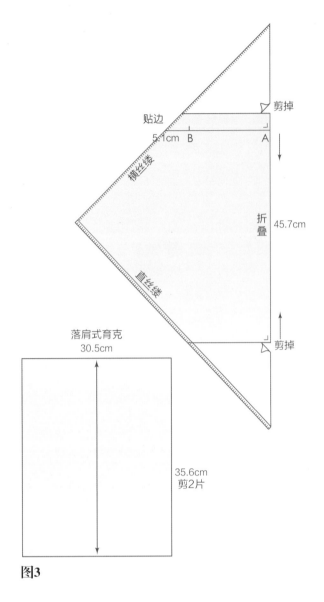

图3

立体裁剪步骤
图4

- 第一个垂褶在公主线上针所作的标记点之间进行。
- 再多做出两个垂褶，参考线必须停留在通过裁片中心线上。将胸高点用针固定住。

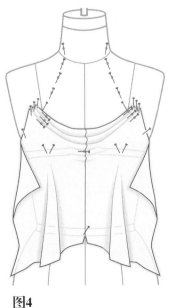

图4

完成纸样

图5

- 将剩余的松量做成一个法式省（如果可能，将纹理附于胸围上）完成立裁。

图6

- 将垫肩固定在肩线之上。

肩部育克立裁

图7

- 将面料放置在肩线向上5.1cm的领窝处。在肩部、颈部打剪口并用针固定住。
- 将肩部之上的面料抚平，标记并用针固定。
- 顺着颈部将面料抚平。
- 将侧缝面料抚平并用针固定。
- 铅笔擦印画出造型线与侧缝线，在袖窿板下7.6cm处标记出袖窿深，并增加1.3cm的松量。从人台移下育克。

后片立裁

图8

- 后领中向上3.8cm处放置面料。
- 在后中心处用针固定并且抚平穿过肩部的面料。用针固定。
- 沿着腰部将面料抚平，折出一个2.5cm至3.8cm的腰省,并用针固定。
- 沿侧缝将面料抚平。在腰部留出一个0.3cm的松量（在折边线上）。修改造型线，抚平肩线周围的面料，将多余的量移至领窝处，在肩部、颈部打剪口。
- 将多余的部分做省道以使颈部服帖。
- 标记腰线、省道、侧缝以及肩线。
- 将多余部分裁剪为内向的止口。

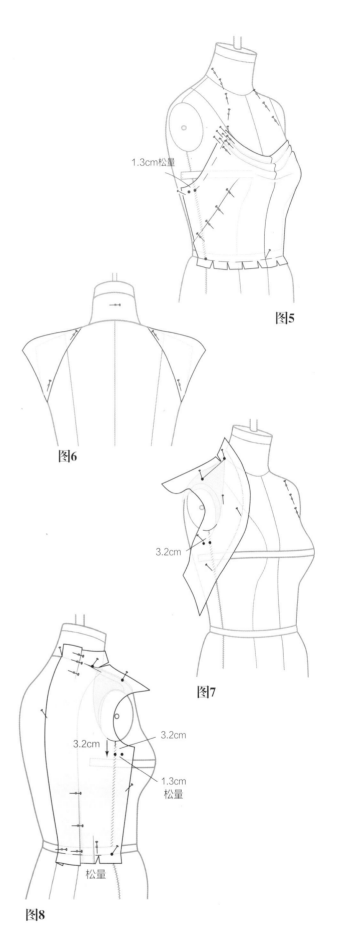

1.3cm松量

图5

图6

3.2cm

图7

3.2cm

3.2cm

1.3cm 松量

松量

图8

前后片

图9

- 选择：在将各部分用针固定一起前，进行织物裁片校准与复制。
- 将前片与后片在肩部、侧缝和造型线处用针固定，评价其适体性。

完成纸样

图10 ~ 图12

- 校正并修顺裁片，将其转移到纸上。

裁剪片数

- 育克：裁两个育克，两片里布，两片内衬。
- 垂领：裁出一片垂领。
- 后片：裁出两个后片，两片袖窿贴边，以及两片内衬。
- 后片贴边：裁出两片后片贴边，两片内衬。

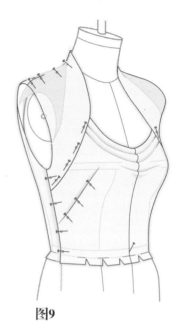

图9

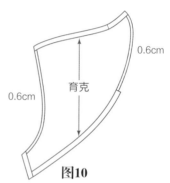

图10

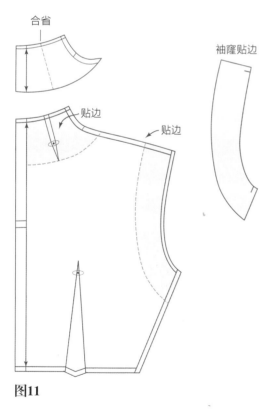

图11

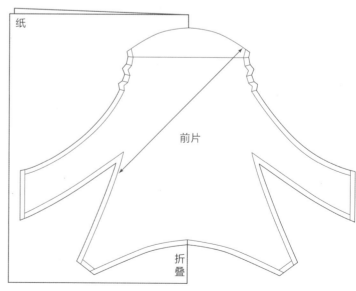

图12

设计9：袖窿抽褶垂领

较肥大的垂褶可以通过比打褶更好的抽褶方法来实现（详见图1）。

设计分析

图1

一些垂褶袖窿起褶始于公主线处止于肩点1.9cm处。在折痕处（正斜丝缕方向）标记过的参考线与侧缝处对齐。面料的准备环节与其它垂领立裁的方式类似。碎褶经过胸高点并沿着衣身的前后腰线分布。松紧带固定了腰身部分碎褶的分布。肩襻遮盖了在肩部碎褶的缝线。前领口采用V形裁剪，在后领口挖出一个弧形。

图1

测量人台

图2和图3

· 从前中腰开始测量，过胸部至肩线中部，至后腰中心处，增加7.6cm (a)。

· 从肩点处测量至低于袖窿板7.6cm处，增加5.1cm(b)。

· 用针在前中线胸围向上2.5cm处进行标记(c)。

· 用针在后领中向下3.8cm处并继续向肩线中部用针进行标记(d)。

· 实例：裁剪一块边长为83.8cm的正方形面料。

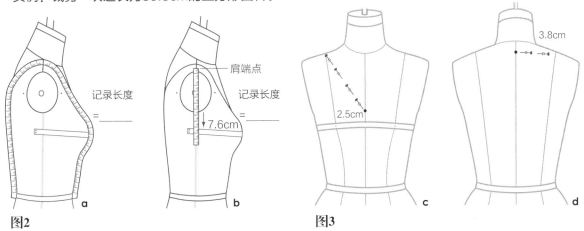

图2

图3

准备坯布

图4

- 画一条垂直于折叠线的线，使其长度等于袖
  窿深加3.8cm的松量，标记A-B。在坯布的
  正反面标记B点。
- 向上距A-B3.8cm处画一条与A-B平行的线
  作为向里折的贴边 ＿＿＿＿ 。
- 从下摆角处向上30.5cm作布边的垂线与标
  记点相交。修剪。
- 建议：布边向下3.8cm作标记，并且抽缩缝
  合织物10.2～15.2cm。抽褶完成5.1cm宽
  度。
- 剪掉多余部分。

立体裁剪步骤

前片

图5

- 在人台上放置坯布，将褶裥的中心对准肩部公
  主线的位置，调整碎褶（或褶裥）到垂褶里。
- 斜丝缕参考线必须与侧缝对准，在侧缝打剪
  口。
- 将坯布平滑地推向前中线，固定胸点在胸线
  上。
- 直丝缕与前中线对齐，固定住（如果还留有
  松量，将其加入碎褶中）。
- 用铅笔擦印标记V领。

后片

图6

- 与前片立体裁剪的方法一致，碎褶的数量必
  须一致。
- 铅笔擦印标记后领。

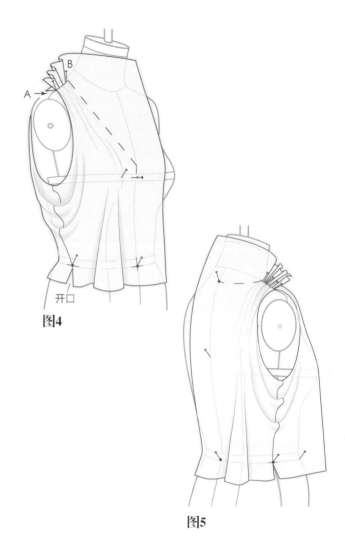

图4

图5

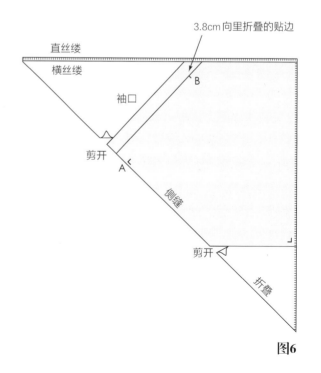

图6

腰节部位的固定

前片

图7

- 当碎褶在前后衣身的腰线上时，则在腰线上放置一条0.6cm宽的松紧带来控制余量。在分配碎褶时应避免斜向拉伸。当立裁完成时，前后中线应保持在直丝缕与横丝缕的位置上。
- 标记穿过碎褶的腰线。标记线可能并不规则，但当成衣经过校准后就会修顺。
- 标记V形领及前中线。修剪余量。

后片

图8

- 除领线为弧线外，按照与前片同样的方法进行。

完成纸样

图9

- 将裁片从人台取下，修顺、校准裁片、转移到纸上。前贴边图示为阴影部分。在贴边的V形部分标记直丝缕。增加缝份及纸样说明。

图10

肩部已缝合并且贴边覆盖了毛缝线。也可用肩襻盖住缝线。

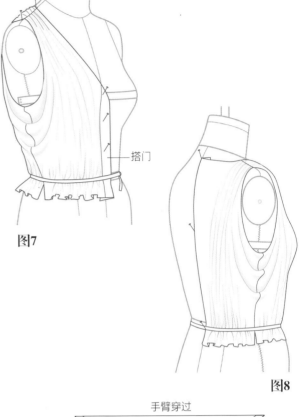

图7

图8

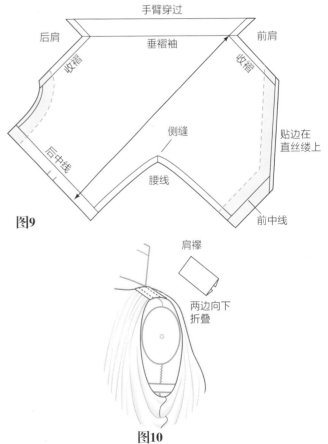

图9

手臂穿过
后肩
垂褶袖
前肩
收褶
收褶
贴边在直丝缕上
后中线
侧缝
腰线
前中线

肩襻
两边向下折叠

图10

设计10：背部垂褶领

以下的说明是制作每个背部垂褶领的先决条件。

设计分析

图1和图2

- 图1所示的样衣展示了高中低三种不同深度的垂褶领款式（深度可以有不同的变化）。之后将对中间深度的加以阐述；

- 图2中显示了关于在后中部位测量从肩部到设计深度的方法；

- 深度被标记为"A-B尺寸"，为抵消斜向拉伸，应从测量深度中减去大约1.3~2.5cm；

- 用绸布或与之相似的面料进行立体裁剪，详见第292页图7~图9，介绍了怎样将立体裁剪转换成纸样的方法；

- 在人台两边做立体裁剪，但是当将立体裁剪裁片转换成纸样时，只在一边描出折痕。

- 裁剪面料并对其适体性进行测试。

图1

准备坯布

- 裁一块83.8cm×91cm白坯布。

- 为找到正斜丝缕方向，将直丝缕向横丝缕方向折叠，或与之保持平行。

- 标记斜丝缕方向，在进行垂领立体裁剪时作为指导。

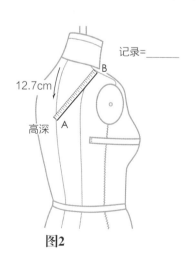 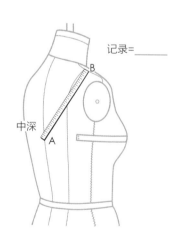

记录=_____   记录=_____   记录=_____

12.7cm   高深   B   A

中深   B   A

3.8cm   低深   B   A   5.1cm

图2

设计11：背部中深垂褶领

在开始之前请阅读第318页。

A-B之间的尺寸

图1

- 作折叠线的垂线，相交于布边，线长为A-B加5.1cm。
- 距A-B线上方3.8cm处做折叠线的垂线；
- 在坯布的另一面标记出B点。

立体裁剪步骤

图2

- 沿A-B线折叠坯布，并且在肩部的位置将B点用针固定；
- 如图所示，完成衣身部分立体裁剪，修剪余量；
- 将裁片从人台上取下，校准并修顺。对无袖款的侧缝增加0.6cm松量，如果袖子是设计的一部分，增加1.3cm的松量。

完成纸样

图3

- 绘制纸样，详见第307页所示；
- 在折叠的纸上绘制一半的褶裥，在A-B线上打开并折叠。画出贴边线并描绘到下面纸上。

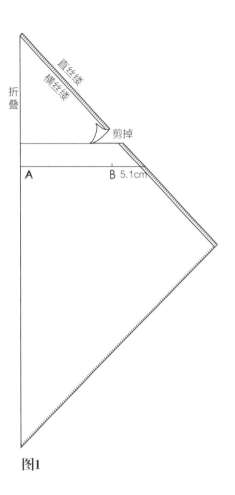

图1

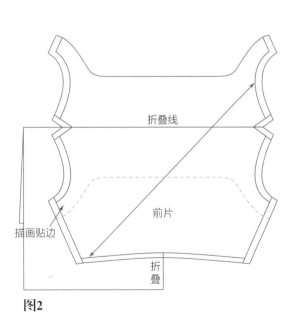

图2

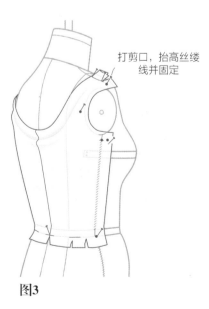

图3

附录 《服装立体裁剪（下）》目录

译者后记

　　《服装立体裁剪》中文版分为上、下两册，由西安工程大学刘驰教授、蔡京廷助教、温星玉助教，以及陕西工业职业技术学院钟敏维讲师翻译。具体情况如下：刘驰翻译上册第1章至第5章，并翻译前言、致谢、目录、封面封底等，同时组织分配全书的翻译工作，并负责全书的修改和统稿，以及最后的校样；钟敏维翻译上册第6章至第10章；蔡京廷翻译上册第11章和下册第1章至第4章；温星玉翻译下册第5章至第9章。由于时间紧、工作量大，加之译者水平有限，错误和欠妥之处在所难免，恳请广大读者批评指正。